冶金工业出版社

普通高等教育"十四五"规划教材

材料成型及控制工程专业综合实验教程

主　编　肖月华

副主编　胡国贤　潘清林

北　京

冶金工业出版社

2025

内容提要

本书是根据材料成型及控制工程专业系列课程实验教学要求编写的，主要内容包括以全面提高学生实验技能和综合能力为主的常规基础实验，以培养学生实验研究能力和创新能力为目的的研究创新性实验与模拟仿真实验。每个实验既介绍了实验目的、实验原理、实验设备和材料，又说明了实验内容、实验步骤与方法以及实验报告的要求，旨在为本专业课程的实验教学提供指导。

本书可作为高等院校材料成型及控制工程、材料加工工程、金属材料工程等相关专业本科生系列课程实验教学的教材，也可供有关专业教师、研究生和工程技术人员参考。

图书在版编目(CIP)数据

材料成型及控制工程专业综合实验教程／肖月华主编. -- 北京：冶金工业出版社，2025. 2. --（普通高等教育"十四五"规划教材）. -- ISBN 978-7-5240-0098-3

Ⅰ. TB302

中国国家版本馆 CIP 数据核字第 2025WU2362 号

材料成型及控制工程专业综合实验教程

出版发行	冶金工业出版社	**电　话**	(010)64027926
地　　址	北京市东城区嵩祝院北巷 39 号	**邮　编**	100009
网　　址	www.mip1953.com	**电子信箱**	service@ mip1953.com

责任编辑　杨　敏　美术编辑　吕欣童　版式设计　郑小利
责任校对　梅雨晴　责任印制　禹　蕊
唐山玺诚印务有限公司印刷
2025 年 2 月第 1 版，2025 年 2 月第 1 次印刷
787mm×1092mm　1/16；15.5 印张；373 千字；238 页
定价 49.00 元

投稿电话　(010)64027932　投稿信箱　tougao@cnmip.com.cn
营销中心电话　(010)64044283
冶金工业出版社天猫旗舰店　yjgycbs.tmall.com
（本书如有印装质量问题，本社营销中心负责退换）

前　言

实验教学是材料成型及控制工程专业人才培养的重要组成部分，它不仅是学生获取专业知识和实验能力的重要途径，而且对培养学生实验技能、创新思维和科研能力起着相当重要的作用。材料成型及控制工程专业要求培养的学生既具有深厚的专业基础理论知识，又有多方面的动手实验研究能力，因而实验教学越来越受到重视。为了使实验教学既与理论课程相关联，又有实验教学的针对性和独立性，并能满足开放实验室对人才培养的要求，编者编写了本书。

本书涵盖了材料成型及控制工程专业系列课程典型的常规基础实验，主要包括金属学与热处理、金属塑性成形（加工）原理、有色金属塑性成形技术、有色金属熔炼与铸造、机械工程材料、材料成形质量检测、材料成形控制基础、材料分析测试方法等专业基础课和专业课的 45 个实验。实验内容按照以全面提高学生实验技能和综合能力为主的金属学与热处理、金属成形原理与工艺、金属成形质量检测与控制、金属材料性能与结构分析实验进行分章阐述；根据学科专业发展的需要，实验内容还包括了 11 个以培养学生实验研究能力和创新能力为主的研究创新性实验与模拟仿真实验。

本书的主要特点是：第一，根据学科发展的最新动态和专业实验教学的要求，坚持面向一级学科，拓宽专业面，加强常规的基础实验，并注重协调专业共性与个性实验的关系，实现专业知识的交叉与渗透，能够满足宽口径专业人才培养的要求；第二，注重实验教学新体系的探索，既有以全面提高学生实验技能为主的常规基础实验，又有以提高实验研究能力与创新思维为主的研究创新性和模拟仿真实验；第三，吸取了国内同类实验教材的精华，实验内容深度与广度适中，既增强了针对性和独立性，又体现了科学性和系统性。

本书分为 5 章，共 56 个实验。每个实验主要由实验目的、实验原理、实验设备和材料、实验内容、实验步骤与方法、实验报告要求等组成。在具体实验时可根据各自院校的专业特色和专业实验室的实验条件适当选择。

本书由肖月华副教授担任主编，胡国贤副教授和潘清林教授担任副主编。参加编写的有文山学院肖月华（实验1-1~实验1-11，实验5-4）、胡国贤（实验3-1~实验3-7，实验5-6）、施绍淼（实验2-1~实验2-5，实验5-5）、李秋阳（实验5-1和实验5-2，实验5-10和实验5-11）、何金光（实验2-16~实验2-20）、杜文晶（实验5-7~实验5-9），中南大学潘清林（实验2-6~实验2-15，实验5-3）和山东大学王维裔（实验4-1~实验4-7）。全书由潘清林负责统稿。

本书的出版得到了文山学院的大力支持，在编写过程中，参考了相关院校所编写的实验教材、实验指导书和相关著作，昆明理工大学段云彪教授和哈尔滨工程大学赵成志教授对本书的初稿提出了宝贵的修改意见，在此一并深表谢意。

由于编者水平所限，书中不妥之处，敬请读者批评指正。

编　者

2024 年 10 月

目　　录

1 金属学与热处理实验

1.1 金属学实验

实验 1-1 金相显微镜的构造与使用

实验目的

（1）了解金相显微镜的成像原理、基本构造、主要部件的作用；

（2）学习和掌握金相显微镜的使用方法。

金相显微镜的成像原理

众所周知，放大镜是最简单的一种光学仪器，它实际上是一块会聚透镜（凸透镜），利用它可以将物体放大。金相显微镜不像放大镜那样由单个透镜组成，而是由两级特定透镜所组成。靠近被观察物体的透镜叫作物镜，而靠近眼睛的透镜叫作目镜。借助物镜与目镜的两次放大，就能将物体放大到很高的倍数（约 2000 倍）。图 1-1 所示为在显微镜中得到放大物像的光学原理图。

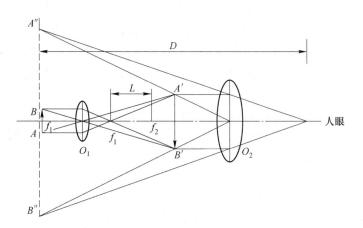

图 1-1　金相显微镜光学原理图

被观察的物体 AB 放在物镜之前距其焦距略远一些的位置，由物体反射的光线穿过物镜，经折射后得到一个放大的倒立实像 $A'B'$，目镜再将实像 $A'B'$ 放大成倒立虚像 $A''B''$，这就是我们在显微镜下研究实物时所观察到的经过二次放大后的物像。在设计显微镜时，让物镜放大后形成的实像 $A'B'$ 位于目镜的焦距 f 之内，并使最终的倒立虚像 $A''B''$ 在距眼睛

250 mm 处成像，这时观察者看得最清晰。

透镜成像规律是依据近轴光线得出的结论。近轴光线是指与光轴接近平行（即夹角很小）的光线。由于物理条件的限制，实际光学系统的成像与近轴光线成像不同，两者存在偏离，这种相对于近轴成像的偏离就叫作像差。像差的产生降低了光学仪器的精确性。按像差产生原因可分为两类：一类是单色光成像时的像差，叫作单色像差，如球差、慧差、像散、像场弯曲和畸变均属单色像差；另一类是多色光成像时，由于介质折射率随光的波长不同而引起的像差，叫作色差，色差又可分为位置色差和放大率色差。

透镜成像的主要缺陷就是球面差和色差（波长差）。球面差是指由于球面透镜的中心部分和边缘部分的厚度不同，造成不同折射现象，致使来自试样表面同一点上的光线经折射后不能聚集于一点，因此使影像模糊不清。球面像差的程度与光通过透镜的面积有关，光圈放得越大，光线通过透镜的面积越大，球面像差就越严重；反之，缩小光圈，限制边缘光线射入，使用通过透镜中心部分的光线，可减小球面像差。但光圈太小，也会影响成像的清晰度。色差的产生是由于白光中各种不同波长的光线在穿过透镜时折射率不同，其中紫色光线的波长最短，折射率最大，在距透镜最近处成像；红色光线的波长最长，折射率最小，在距透镜最远处成像；其余的黄、绿、蓝等光线则在它们之间成像。这些光线所成的像不能集于一点，而呈现带有彩色边缘的光环。色差的存在也会降低透镜成像的清晰度，应予以校正。通常采用单色光源或加滤光片，也可使用复合透镜。

显微镜的质量主要取决于透镜的质量、放大倍数和鉴别能力。

1. 物镜

（1）物镜的组成及种类。物镜是由若干个透镜组合而成的一个透镜组。组合使用透镜的目的是克服单个透镜的成像缺陷，提高物镜的光学质量。显微镜的放大作用主要取决于物镜，物镜质量直接影响显微镜影像质量，它是决定显微镜的分辨率和成像清晰程度的主要部件，所以对物镜的校正是很重要的。

根据对透镜球面像差和色差的校正程度不同，可将物镜分为消色差物镜、复消色差物镜、平面消色差物镜、平面复消色差物镜、半复消色差物镜等多种。这些由若干透镜组合而成的透镜组，可以在一定程度上消除或减少透镜成像的缺陷，提高成像质量。

（2）物镜的性质。

1）放大倍数。物镜的放大倍数，是指物镜在线长度上放大实物倍数的能力指标。有两种表示方法，一种是直接在物镜上刻出如 8×、10×、45×等；另一种则是在物镜上刻出该物镜的焦距 f，焦距越短，放大倍数越高。

2）镜筒长度。镜筒长度是指物镜底面到目镜顶面的距离。由于物镜的像差是依据一定位置的影像来校正的，因此物镜一定要在规定的机械镜筒长度上使用，显微镜的机械镜筒长度多为 160 mm、170 mm、190 mm。金相显微镜在摄影时，由于放大倍数不同，影像投射距离变化很大，因此，优良物镜的像差是按任意镜筒长度校正的，即在无限长范围内，物镜的像差均已校正。

3）数值孔径。数值孔径表征物镜的聚光能力，是物镜的重要性质之一，通常以"N. A"表示。物镜的数值孔径决定了物镜的分辨能力（鉴别率）及有效放大倍数。根据理论推导得出：

$$N. A = n\sin\varphi \tag{1-1}$$

式中　n——物镜与观察物之间的介质折射率（空气为 1，松柏油为 1.515）；

　　　φ——物镜的孔径半角，如图 1-2 所示。

4）物镜的标记。在物镜外壳上刻有不同的标记浸液记号、物镜类别、放大率、数值孔径、机械筒长度、盖玻片厚度。如："油"表示浸液为松柏油；"100×/1.25"表示物镜放大率为 100 倍，数值孔径 1.25；"160/0"表示机械镜筒长度为 160 mm，无盖玻片。有些物镜刻有"160/-"，表示机械镜筒长度为 160 mm，可有可无盖玻片。在物镜上刻有色圈表示物镜的放大率。高倍物镜通常都为油浸系，油镜头用"油"或外壳涂一黑圈来表示。

5）物镜的鉴别能力。显微镜的鉴别能力主要决定于物镜。物镜的鉴别能力可分为平面和垂直鉴别能力。

平面鉴别能力即物镜的分辨率，是指物镜所具有的将显微组织中两物点清晰区分的最小距离（d）的能力，如图 1-3 所示。根据光学衍射理论可知，显微组织中的一点经物镜放大成像后并不能获得一个真正的点像，而是具有相应尺寸的以白色圆斑为中心的许多个同心衍射环组成的。中心光斑的强度最大，而衍射环的光强度随着衍射环直径增大而逐渐减弱。试样上若有两个点，如果两点之间的距离小于 d（即为物镜的分辨能力或鉴别率），则两点放大成像后的衍射环中心部分也相互重叠而不能清晰分辨。只有当两点间距大于或等于 d 才能清晰地分辨出来。两物点间最小距离 d 愈小，物镜的分辨能力愈高。

垂直鉴别能力即物镜垂直分辨率，又称景深，是指物镜所具有在景深方面能清晰造像的能力，即垂直方面能清晰造像的最大景深，深度越大表示垂直鉴别率越大。景深 h 为

$$h = n/(N.AM) \quad (M = 0.15 \sim 0.30) \tag{1-2}$$

由此可见，物镜的垂直鉴别率与数值孔径、放大倍数成反比，要提高景深，最好选用数值孔径小的物镜或减小孔径光阑以缩小物镜的工作孔径，但这样就会降低物镜的分辨能力，所以要调和这一矛盾只能视具体情况而定。

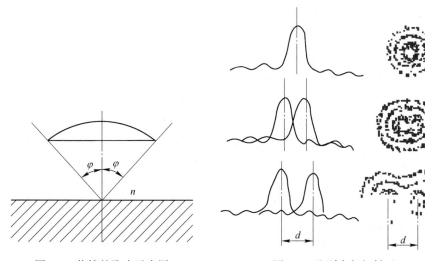

图 1-2　物镜的聚光示意图　　　　图 1-3　鉴别率与衍射环

2. 目镜

目镜也是显微镜的主要组成部分，它的主要作用是将由物镜放大所得的实像再次放

大，从而在明视距离处形成一个清晰的虚像，因此它的质量将最后影响到物像的质量。在显微照相时，在毛玻璃处形成的是实像。

某些目镜（如补偿目镜）除了有放大作用外，还能将物镜造像过程中产生的残余像差予以校正。目镜的构造比物镜简单得多。因为通过目镜的光束接近平行状态，所以球面像差及纵向（轴向）色差不严重。设计时只考虑横向色差（放大色差）。目镜由两部分组成，位于上端的透镜称目透镜，起放大作用；位于下端的透镜称为会聚透镜或场透镜，使映像亮度均匀。在上下透镜的中间或下透镜下端，设有一光阑、测微计、十字玻璃、指针等附件均安装于此。目镜的孔径角很小，故其本身的分辨率很低，但对物镜的初步影像进行放大已经足够。常用的目镜放大倍数有 8×、10×、12.5×、16×、20×等。按其构造形式，一般可分为福根目镜、雷斯登目镜、补偿目镜、测微目镜、摄影目镜、广视角目镜等。目镜上刻有如下标记：目镜类别、放大率。例如，10×平场目镜刻有 p10×，p 表示平场目镜，10×为放大率，一般惠更斯目镜不刻标记。

3. 金相显微镜的放大倍数及其选择

显微镜包括物镜和目镜。显微镜的放大倍数主要通过物镜来保证，物镜的最高放大倍数可达 100~200 倍，目镜的放大倍数可达 25 倍。

物镜的放大倍数可由下式得出：

$$M_{物} = L/f_1 \tag{1-3}$$

式中 L——显微镜的光学筒长度（即物镜后焦点与目镜前焦点的距离）；

f_1——物镜焦距。

目镜的放大倍数可由下式计算：

$$M_{目} = D/f_2 \tag{1-4}$$

式中 D——人眼明视距离（250mm）；

f_2——目镜焦距。

显微镜的总放大倍数应为物镜与目镜放大倍数的乘积，即：

$$M_{总} = M_{物} \times M_{目} = 250L/(f_1 \times f_2) \tag{1-5}$$

在使用中如选用另一台显微镜的物镜时，其机械镜筒长度必须相同，这时倍数才有效。否则，显微镜的放大倍数应予以修正，应为

$$M = M_{物} \times M_{目} \times C \tag{1-6}$$

式中 C——修正系数，可用物镜测微尺和目镜测微尺度量。

放大倍数用符号 "×" 表示，例如物镜的放大倍数为 25×，目镜的放大倍数为 10×，则显微镜的放大倍数为 25×10＝250×。放大倍数均分别标注在物镜与目镜的镜筒上。

在使用显微镜观察物体时，应根据其组织的粗细情况，选择适当的放大倍数。以细节部分观察得清晰为准，盲目追求过高的放大倍数，会带来许多缺陷。因为放大倍数与透镜的焦距有关，放大倍数越大，焦距必须越小，同时所看到物体的区域也越小。

需要注意的是有效放大倍数问题。物镜的数值孔径决定了显微镜有效放大倍数。有效放大倍数，就是人眼鉴别率 d' 与物镜鉴别率 d 间的比值，即不使人眼看到假像的最小放大倍数。

$$M = d'/d = 2d'N.A/\lambda \tag{1-7}$$

人眼鉴别率 d' 一般为 0.15~0.30 mm，若分别用 $d' = 0.15$ mm 和 $d' = 0.30$ mm 代入

上式：

$$M_{min} = 2 \times 0.15(N.A)/(5500 \times 10^{-7}) = 500(N.A) \qquad (1\text{-}8)$$

$$M_{max} = 2 \times 0.30(N.A)/(5500 \times 10^{-7}) = 1000(N.A) \qquad (1\text{-}9)$$

$M_{min} \sim M_{max}$ 就是显微镜的有效放大倍数。

对于显微照相时有效放大倍数的估算，则应将人眼鉴别率 d' 用底片分辨能力 d'' 代替。一般底片分辨能力 d'' 约为 0.03 mm，所以照相时有效放大倍数 M' 为

$$M' = d''/d = 2d''(N.A)/\lambda = 2 \times 0.030(N.A)/(5500 \times 10^{-7}) = 120 \ (N.A) \quad (1\text{-}10)$$

如果考虑到由底片印出相片，人眼观察相片时分辨能力为 0.15 mm，则 M' 应改为 M''：

$$M'' = 2 \times 0.15(N.A)/(5500 \times 10^{-7}) = 500(N.A) \qquad (1\text{-}11)$$

所以照相时有效放大倍数为 $M' \sim M''$，它比观察时的有效放大倍数小。这就是说，如果用 45×/0.63 的物镜照相，那么它的最大有效放大倍数为 300（500×0.63）倍左右，所选用的照相目镜应为 300/45＝6～7 倍，放大倍数应在 300 倍以下，这比观察的最大有效放大倍数（630 倍）要小。

4. 金相显微镜的分辨能力（鉴别率）

显微镜的分辨能力是显微镜最重要的特性，它是指显微镜对于试样上最细微部分所能获得清晰影像的能力，通常用可以辨别的物体上两点间的最小距离 d 来表示。被分辨的距离越短，表示显微镜的分辨能力越高。

显微镜的分辨能力可由下式求得：

$$d = 2N.A/\lambda \qquad (1\text{-}12)$$

式中　λ——入射光源的波长；

　　　N.A——物镜的数值孔径，表示物镜的聚光能力。

可见，波长越短，数值孔径越大，鉴别能力就越高，在显微镜中就能看到更细微的部分。

一般物镜与物体之间的介质是空气，光线在空气中的折射率 $n = 1$，若一物镜的角孔径为 60°，则其数值孔径为

$$N.A = n \times \sin\varphi = 1 \times \sin30° = 0.5 \qquad (1\text{-}13)$$

若在物镜与试样之间滴入一种松柏油（$n = 1.52$），则其数值孔径为

$$N.A = 1.52 \times \sin30° = 0.76 \qquad (1\text{-}14)$$

物镜在设计和使用中指定以空气为介质的称为"干系物镜"（或干物镜），以油为介质的称为"油浸系物镜"（或油物镜）。从图 1-4 可以看出，油物镜具有较高的数值孔径，因为透过油进入物镜的光线比透过空气进入物镜的多，使物镜的聚光能力增强，从而提高物镜的鉴别能力。

金相显微镜的构造

金相显微镜的种类、型号很多，按功能可分为教学型、生产型和科研型；按结构形式可分为台式、立式和卧式；此外，还有偏光、相衬、干涉、高温、低温等各种特殊用途的金相显微镜。但是，它们都是由光学系统、照明系统、机械系统、附件装置（包括摄影或其他，如显微硬度等装置）组成。

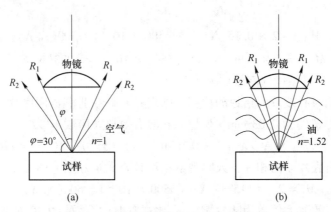

图1-4　不同介质中物镜聚光能力的比较

（a）干物镜；（b）油物镜

1. 光学系统

光学系统主要由光源、反光镜、物镜组、目镜及多组聚光镜组组成。

图1-5是教学实验中常用IE500M型金相显微镜，其主要用来观察不透明材料的金相组织。

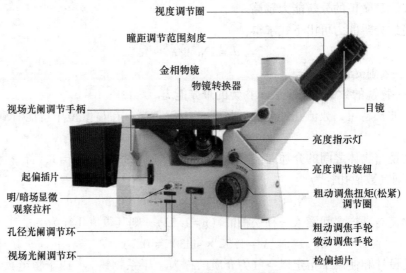

图1-5　IE500M型金相显微镜

2. 照明系统

照明系统一般包括光源、照明器、光阑、滤色片等。金相显微镜中的照明方法，对观察、照相、测定结果质量是重要的影响因素。正确的照明方法不能降低亮度和分辨率，进行照明时不能有光斑和不均匀。

照明系统中各组件的要求、结构（类型）及作用分述如下：

（1）光源。对光源的要求是强度要高，亮度要均匀、稳定，发热程度不宜过高，在光源周围要有吸热、散热装置；光源位置（上、下、前、后、左、右）和光的强度可调节。

1）光源的种类。目前金相显微镜中应用最多的是白炽灯和氙灯，此外还有碳弧灯、卤素灯、水银灯、单色灯等。

①白炽灯。灯丝由钨丝组成，故又称钨丝灯。电压较低（6~12 V），功率多为15~30 W。使用低压钨丝灯时，必须配备变压器，以使220 V电压降到6~12 V工作电压，低压钨丝灯适用于各种台式、立体显微镜的观察和摄影。

②氙灯。超高压氙灯是强电流的弧光放电灯，比碳弧灯稳定和均匀。具有从紫外线到红外线的连续光谱；可见光区近似白光；具有亮度大、发光效率高及发光面积小的优点。

2）光源的使用。显微镜光源有临界照明、科勒照明、散光照明和平行光照明四种不同的照明方法。

（2）光阑。在金相显微镜的光路系统中，一般装有两个光阑，靠近光源的称孔径光阑；另一个称视场光阑。

1）孔径光阑。孔径光阑调节入射光束的粗细。缩小孔径光阑可减小球差和轴外像差，使映像清晰，但会使物镜的分辨能力降低。

2）视场光阑。视场光阑在孔径光阑后，其所在位置为经光学系统后成像于金相磨面上。因此，调节视场光阑可改变视域的大小，而不影响物镜的分辨率。缩小视场光阑可减少镜筒内的反射光和眩光，提高映像衬度。

（3）滤色片。滤色片的作用是允许白色光波中一定波长的光通过，吸收其他波长的光。滤色片是金相摄影时一种重要的辅助工具，用以得到优良的金相照片。使用滤色片的主要目的是：绿色滤色片改善相质，使观察舒适；中性滤色片减弱光强，得到合适的亮度。

3. 显微镜的机械系统

IE500M型金相显微镜（见图1-5）的机械结构紧凑，精度较高。粗、微调机构集中在仪器的下方，重心较低，安放稳定。载物台位于弧形镜臂上面，试样为倒置安放，能胜任体积宽广的被观察物体。目镜管呈45°倾斜，实验人员观察舒适。各部分构造分述如下：

（1）底座。起支撑整个镜体的作用。为了防止震动，有的在底座上装有四只防震橡皮脚。

（2）粗动调焦装置。粗动调焦手轮安装在镜体齿轮箱的两侧，适合观察者手臂支撑于工作桌上操作。手轮传动内部的齿轮，使支承载物台的弯臂上下升降。在粗动调焦手轮的一侧，附设有制动环，用以紧固调焦正确后的载物台位置，使不易受到偶然震动而变异，尤以用于显微照相时的必要有效装置。如需紧固载物台不动，可将制动环按右螺旋方向旋紧，如需再调节粗动调焦手轮，则必须先将此环以反方向旋松，否则易损坏机件。

（3）微动调焦装置。微动调焦手轮与粗动调焦手轮同轴，用于使显微镜本体沿着滑轨缓慢移动。左侧的手轮上刻有分度，每分格表示微动升降0.002 mm，机体齿轮箱刻有两条白线，贴连支架上有一条白线，是用以表示微动升降的极限范围，当微动调焦手轮旋到极限位置时，微动调焦手轮就自动被限制住，此时，应该倒转旋动使用，否则将会损坏机件。

（4）载物台。放置试样用的机械载物台是显微镜的重要部件。常见的载物台为圆形，位于镜架上方，利于放置各种几何形状试样进行观察，移动结构采用黏性油膜与托架联结，托架与台面之间有方形导架，引导载物台在水平面上一定范围内作十字定向移动，当移到极限位置时有限止作用，避免载物台滑出托架之外。载物台必须牢固，不易发生震动；其工作台位置必须与显微镜光轴垂直；载物台移动时试样的像应基本清晰。载物台有圆形和方形两种，一般备有能在水平面内作前后、左右和 360° 旋转的螺丝和刻度。载物台上还备有弹簧压片和场光圈，明场用的玻璃场光圈有 $\phi13$ mm、$\phi21$ mm 和 $\phi27$ mm 三种；暗场用的金属场光圈有 $\phi10$ mm、$\phi15$ mm 和 $\phi20$ mm 三种。

（5）目镜管。呈倾斜 45° 单管形式，接在装有棱镜的半球形镜座上，可随时拆卸或将目镜平向转 90°，以便接合照相设备作金相照相之用。

金相显微镜的使用

1. 使用方法

（1）照明。

1）接通电源，将显微镜主开关拨到"—"（接通）状态。

2）调节调光手轮，将照明亮度调节到观察舒适为止。顺时针转动调光手轮，电压升高，亮度增强；逆时针转动调光手轮，电压降低，亮度减弱。在低电压状态下使用灯泡，能延长灯泡的使用寿命。

（2）调焦。

1）将所要观察的样品放在金属载物台板上，用压片压住，将 5× 物镜转入光路。安放样品时，应使观察表面与物镜垂直，必要时可使用橡皮泥辅助安放样品。

2）将观察筒右侧视度调节环对"0"（具体见视度调节），用右眼观察右侧目镜，转动粗动调焦手轮，直到视场内出现观察标本的轮廓。

3）转动微动调焦手轮，使标本的细节清晰。

（3）松紧度调节。粗调焦时手感很重，不舒适或者调焦后物镜转换器自行下滑，样品很快偏离焦点，这些可通过调节松紧调节手轮来解决。

（4）视度调节。视度调节环上有 ±5 个屈光度，以右目镜作为观察的基准，即把右视度调节环上的"0"刻线与右目镜座上直刻线对齐，然后使右目镜成像清晰，再用左眼观察左目镜，如果不清晰，则旋转视度调节环，使成像清晰为止，而左视度调节环上与直刻线对齐的数值就是该侧眼睛的视度值。如果左右目镜筒都具有视度调节环，可以根据自己的爱好选择任意一侧作为观察的基准，然后调节另一侧视度。但作为基准一侧的目镜筒首先要确保将视度调到"0"视度位置上，然后进行聚焦观察。

（5）瞳距调节。用双眼观察时，双手分别握住左右目镜座绕转轴旋转来调节瞳距，直到双眼观察时，左右视场合二为一，观察舒适为止。目镜座上的指示点"·"指向瞳距指示牌上的刻度，表明瞳距的大小。瞳距调节范围为 55~75 mm。记住自己的瞳距，以便下次使用。

（6）滤色镜的使用。使用滤色镜，可使图像的背景光线更加适宜，以提高图像的衬度。滤色片有蓝、绿、黄三种颜色。

（7）视场光阑调节。视场光阑限制进入聚光镜的光束直径，从而排除外围的光线，增强图像反差。当视场光阑的成像刚好在视场外缘时，物镜能发挥最优性能，得到最清晰的成像。

1）把视场光阑拨杆逆时针推到最左面，即把视场光阑开到最小。

2）通过目镜观察，此时能在视场内看到视场光阑的成像。

3）调节左右两个视场光阑调中螺钉，将视场光阑的像调到视场中心。

4）逐步打开视场光阑，如果视场光阑的图像和视场内切，表示视场光阑已正确对中。

5）实际使用时，稍加大视场光阑，使它的图像刚好与视场外切。

（8）孔径光阑调节。孔径光阑决定了照明系统的数值孔径。照明系统的数值孔径和物镜的数值孔径相匹配，可以提供更好的图像分辨率与反差，并能加大景深。孔径光阑大小的变化方向与视场光阑相同，通过调节孔径光阑拨杆来控制光阑的大小。实际使用时，可根据被观察样品成像反差的大小，来相应调节孔径光阑的大小，以观察舒适、衬度良好为准。

（9）圆形载物台板的使用。旋转载物台面上手柄，可以 360°旋转使用，以便使用者多角度观察和使用。

2. 使用注意事项

（1）显微镜是精密仪器，操作时要小心，尽可能避免物理振动。

（2）避免将显微镜放置在有阳光直射、高温或高湿、多尘及容易受到强烈震动的地方，确保工作台平坦、水平并足够坚固。工作环境要求：室温 5～40 ℃，最大相对湿度 80%。

（3）需要移动显微镜时，双手应分别提住显微镜的背部缺口处和托住观察筒的较低侧，并小心轻放。

（4）工作时，灯箱表面会变得比较热，应确保周围有足够的散热空间。

（5）将本机接地，避免雷击。

（6）为保证安全，在更换 LED 灯、卤素灯、保险丝前，一定要确信电源开关已在“O”断开处，并切断电源，同时等灯泡及灯座完全冷却后进行。

实验设备及材料

IE500M 型倒置式或 XJP-3A 型正置式金相显微镜，预先准备好的金相样品。

实验内容与步骤

（1）结合显微镜实体，认真听取指导教师讲解并初步掌握光学显微镜的成像原理、结构及各组件的位置和作用，熟悉物镜和目镜的标记。

（2）通过观察金相样品的实际操作过程，学会正确的操作方法，包括物镜和目镜的选择与匹配、调焦、孔径光阑和视场光阑的调节、放大倍数的计算、暗场的使用、垂直照明器的选用、滤色片的选用等。

（3）通过参观、课外查阅资料等方式了解其他类型金相显微镜的特点和用途。

实验报告要求

（1）简述实验目的和步骤。

（2）以 25×/0.25 物镜为例，简述物镜标记的含义，并说明其有效放大倍数在什么范围。

（3）简要说明金相显微镜的成像原理、操作要点及必须注意的事项。

实验 1-2　金相样品的制备与显微组织观察

实验目的

（1）掌握金相试样的制备方法和制备过程；
（2）熟悉目前常用的金相显微组织显示方法；
（3）了解目前制备金相试样的先进技术。

金相试样的制备

金相试样的制备程序通常包括取样、镶样、磨光、抛光、腐蚀等几道工序。为了避免出现"伪组织"而导致错误的判断，需要掌握正确的制样方法。

1. 取样

显微试样的选取应根据研究检测目的，取其最具有代表性的部位。此外，还应考虑被测材料或零件的特点、工艺过程及热处理过程。例如：对于铸件，由于存在偏析现象，应从表面层到中心等典型区域分别取样，以便分析缺陷及非金属夹杂物由表及里的分布情况；对轧制和锻造材料，应同时切取横向及纵向检验面，以便分析材料在沿加工方向和垂直加工方向截面上显微组织的差别；而对热处理后的显微组织，一般采用横向截面。

对于不同性质的材料，试样切取的方法各有所异（见图 1-6），但应遵循一个共同的原则，即：应保证被观察的截面不产生组织变化。对软材料，可以用锯、车、刨等方法。对硬而脆的材料，可用锤击的方法；对极硬的材料，可用砂轮切片机或电火花机和线切割机；在大工件上取样可用氧气切割，等等。试样的尺寸以便于握持、易于磨抛为准，如图 1-7 所示。对形状特殊或尺寸细小的试样，应进行镶嵌或机械夹持。

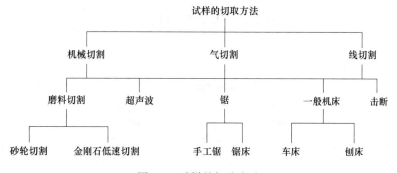

图 1-6　试样的切取方法

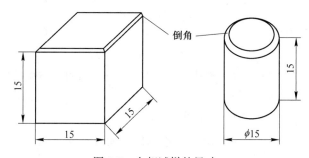

图 1-7　金相试样的尺寸

2. 镶样

　　镶样的方法有很多，如低熔点合金镶嵌、电木粉或塑料镶嵌和机械夹持等，如图 1-8 和图 1-9 所示。目前一般是采用塑料镶嵌，包括热固性塑料（如胶木粉）、热塑性塑料（如聚氯乙烯）、冷凝性塑料（环氧树脂加固化剂）等。

　　采用塑料作为镶嵌材料时，一般在金相试样镶嵌机上进行镶样。金相试样镶嵌机主要包括加压设备、加热设备及压模三部分（见图 1-10）。使用时将试样放在下模上，选择较平整的一面向下，在套筒空隙间加入塑料，然后将上模放入压模（套模）内，通电加热至额定温度后再加压，待数分钟后除去压力，冷却后取出试样。

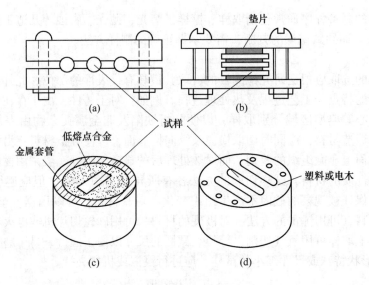

图 1-8　金相试样的镶嵌方法

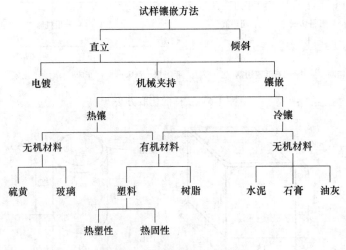

图 1-9　常用镶嵌方法与材料

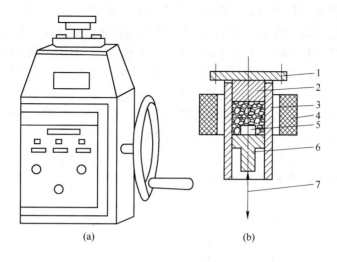

图 1-10 XQ-2 型镶样机

（a）外形示意图；（b）镶嵌示意图

1—旋钮；2—上模；3—套模；4—加热器；5—试样；6—下模；7—加压机构

3. 磨样（制样）

磨制是为了得到平整的磨面，为抛光作准备。一般分为粗磨和细磨两步。图 1-11 表示切取试样后形成的粗糙表面，经粗磨、细磨、抛光后磨痕逐渐消除，得到平整光滑磨面的示意图。

（1）粗磨。粗磨的目的是整平试样，并磨成合适的外形。粗磨一般在砂轮机上进行。对很软的材料，可用锉刀锉平。使用砂轮机粗磨时，必须注意接触压力不可过大，若压力过大，可能使砂轮碎裂造成人身和设备事故，同时极易使磨面温度升高引起组织变化，并且使磨痕加深，金属变形层增厚，给细磨抛光带来困难。粗磨时需冷却试样，防止受热而引起组织变化。粗磨后需将试样和双手清洗干净，以防将粗砂粒带到细磨用的砂纸上，造成难以消除的深磨痕。

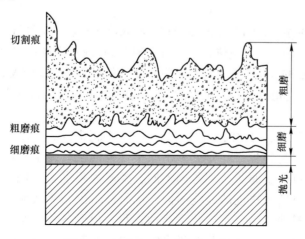

图 1-11 试样表面磨痕变化示意图

（2）细磨。细磨的目的是消除粗磨时留下的较深的磨痕，为抛光工序做准备。常规的细磨有手工磨光和机械磨光两种方法。手工磨光是用手握持试样，在金相砂纸上单方向推移磨制，拉回时提起试样，使之脱离砂纸。细磨时可以用水作为润滑剂。我国金相砂纸按粗细分为 01 号、02 号、03 号、04 号、05 号等几种。细磨时，依次从粗到细研磨，即从 01 号磨至 05 号；换下一道砂纸之前，必须先用水洗去样品和手上的砂粒，以免把粗砂粒带到下一级细砂纸上。同时，要将试样的磨制方向调转 90°，即本道磨制方向与上一道磨痕方向垂直，以便观察上一道磨痕是否全部消除。

（3）磨光膏细磨。使用浸过煤油的细帆布作为抛光布，将磨光膏涂在此抛光布上进行磨光，这种细磨方法称为磨光膏细磨。

4. 抛光

抛光的目的是除去细磨后留下的细微磨痕，使试样表面成为光滑无痕的镜面。常用的抛光方法有：机械抛光、电解抛光、化学抛光。

（1）机械抛光。机械抛光的原理是利用抛光微粉的磨削、滚压作用，把金相试样表面抛成光滑的磨面。机械抛光在抛光机上进行。将抛光织物（粗抛常用帆布、粗呢、法兰绒，精抛常用丝绒）用水浸湿、铺平、绷紧固定在抛光盘上。启动开关使抛光盘逆时针转动，将适量的抛光液（氧化铝、氧化铬或氧化铁抛光粉加水的悬浮液）滴洒在抛光盘上即可进行抛光。机械抛光可分为粗抛与精抛两个步骤。粗抛的目的是尽快除去细磨留下来的划痕，而精抛的目的是除去粗抛留下来的划痕，得到光亮平整的磨面。

（2）电解抛光。将试样放入装有电解溶液的槽中，试样作为阳极，用不锈钢或铅板作阴极，接通电源后，利用电化学整平作用获得平整表面的过程称为电解抛光。电解抛光可避免机械抛光时表面层金属的变形或流动，从而能真实地显示金相组织。该法适用于有色金属及硬度低、塑性大的金属，但不适用于偏析严重的金属、铸件及化学成分不均匀的试样。

（3）化学抛光。化学抛光是简单地将试样浸入合适的抛光液中，依靠化学溶剂对不均匀表面产生选择性溶解来获得光亮的抛光面。这种方法操作简单，成本低，缺点是夹杂物易被浸蚀，且抛光面平整度较差，只能用于低倍常规检验。

5. 浸蚀

除某些非金属夹杂物、铸铁中的石墨相、粉末冶金材料中的孔隙等特殊组织外，经抛光后的试样磨面，必须用浸蚀剂进行"浸蚀"，以获得或加强图像衬度后才能在显微镜下进行观察。获得衬度的方法很多，根据获得衬度过程是否改变试样表面，可分为不改变表面方法（如光学法）和改变试样表面方法（如电化学浸蚀法、物理浸蚀法）两大类（见图 1-12）。

最常用的浸蚀方法是化学浸蚀法，其作用原理如图 1-13 所示。纯金属或单相金属的浸蚀是一个化学溶解过程。晶界处由于原子排列混乱，能量较高，所以易受浸蚀而呈现凹沟。各个晶粒由于原子排列位向不同，受浸蚀程度也不同。因此，在垂直光线照射下，各部位反射进入物镜的光线不同，从而显示出晶界及明暗不同的晶粒。两相或两相以上合金的浸蚀则是一个电化学腐蚀过程。由于各相的组织成分不同，其电极电位也不同，当表面覆盖一层具有电解质作用的浸蚀剂时，两相之间就形成许多"微电池"。具有负电位的阳极相被迅速溶解而凹下；具有正电位的阴极相则保持原来的光

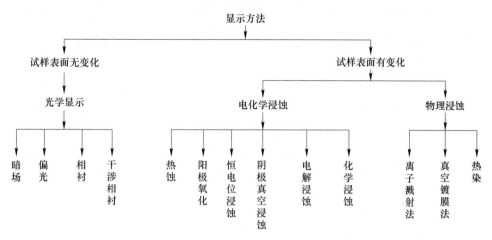

图 1-12 金相显微组织显示方法一览图

滑平面。试样表面的这种微观凹凸不平对光线的反射程度不同,在显微镜下就能观察到各种不同的组织及组成相。

　　某些贵金属及其合金,化学稳定性很高,难以用化学浸蚀法显示出组织,可采用电解浸蚀法。如纯铂,纯银,金及其合金,不锈钢,耐热钢,高温合金,钛合金等。对不同的材料,需选用不同的浸蚀剂(见表 1-1)。

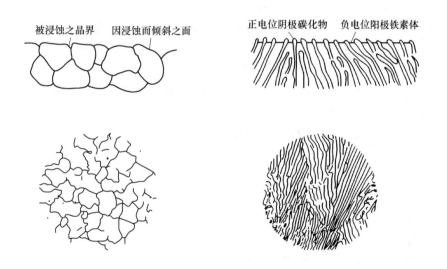

图 1-13 单相和双相组织显示原理示意图

实验设备及材料

　　(1)仪器设备:金相显微镜、砂轮机、机械抛光机、手工湿磨工具、电吹风等。

　　(2)实验用品:金相样品、不同型号的水砂纸、抛光液、酒精、配好的浸蚀剂、镊子、棉花等。

表 1-1　常用浸蚀剂

成　分	工　作　条　件	用　途
硝酸 1~5 mL, 酒精 100 mL	几秒~1 min	碳钢、合金钢、铸铁
苦味酸 4 g, 酒精 100 mL	几秒~几分钟	显示细微组织
盐酸 5 mL, 苦味酸 1 g, 酒精 100 mL	几秒~1 min, 15 min	奥氏体晶粒, 回火马氏体
盐酸 15 mL, 酒精 100 mL	几分钟	氧化法晶粒度
硫酸铜 4 g, 盐酸 20 mL, 水 20 mL	浸入法	不锈钢, 氮化层
苦味酸 2 g, 氢氧化钠 25 g, 水 100 mL	煮沸 15 min	渗碳体染色, 铁素体不染色
盐酸 3 份, 硝酸 1 份	静置 24 h, 浸入法	奥氏体及铬镍合金
盐酸 10 mL, 硝酸 3 mL, 酒精 100 mL	2~10 min	高速钢
苦味酸 3~5 g, 酒精 100 mL	浸入法, 10~20 min	铝合金
盐酸 10 mL, 硝酸 10 mL	<70 ℃	铜合金
盐酸 2~5 mL, 酒精 100 mL	几秒~几分钟	巴氏合金
氯化铁 5 g, 盐酸 50 mL, 水 100 mL	几秒~几分钟	纯铜、黄铜、青铜
盐酸 2 mL, 水 100 mL	室温	镁合金
硝酸 10 mL, 盐酸 25 mL, 水 200 mL	>1 min	铅及铅锡合金

实验步骤与方法

（1）每人领取有色金属或钢铁试样一个。

（2）用砂轮机打磨试样，直到获得平整的表面。

（3）用手工湿磨法从粗到细磨光。

（4）用机械抛光机抛光，获得光亮镜面。

（5）用浸蚀剂浸蚀试样磨面，然后用显微镜观察组织，并绘出显微组织示意图。

（6）观察电解抛光装置和电解抛光的操作演示。

（7）将制备好的金相试样放入实验室的干燥器皿内，留作下一实验拍摄用。

（8）实验完毕后清理仪器设备。

实验报告要求

（1）简述实验目的和金相组织分析原理。

（2）概述金相试样制备的要点。

（3）绘制浸蚀后试样显微组织。

（4）总结实验操作技巧及存在的问题。

实验1-3 结晶过程及铸造工艺对金属铸锭组织的影响

实验目的

（1）观察金属的结晶过程；

（2）了解铸造工艺和金属的过热对铸锭宏观组织的影响。

实验原理

金属及合金的晶粒大小、形状和分布与凝固条件、合金成分及其加工过程有关，实际生产中，铸锭不可能在整个截面上均匀冷却，并同时开始凝固。因此，铸锭凝固后的组织一般是不均匀的，这种不均匀性将引起金属材料性能的差异。

1. 铸锭的典型组织

金属铸锭横断面的宏观组织一般是由三个晶区组成，由外向内依次为细晶区（外壳层）、柱状晶区和中心等轴晶区，如图1-14所示。

第一晶区是铸锭的外壳层，由细小等轴晶粒组成。将液体金属浇入铸型，结晶刚开始时，由于铸型温度较低，形成较大的过冷度，同时模壁与金属产生摩擦及液体金属的激烈"骚动"，于是靠近型壁大量地形核，还由于型壁不是光滑的镜面，晶粒长大时，各枝晶主轴很快彼此相互接触，使晶粒不能继续长大，所以晶粒的尺寸不大，即形成细晶区。图1-15所示为在液体金属和铸型边界上结晶开始的情形。等轴晶粒的第一晶区较薄，因此对铸锭的性能没有显著的影响。

图1-14 金属铸锭横断面的
宏观组织（1∶1）

第二晶区是柱状晶区。液态金属与铸型接触处的型壁剧烈地过冷是在液体金属和铸型的分界面上生成很多小晶粒的原因，其中过冷与经过铸型激烈地传热有关。随着外壳层的形成，铸型变热，对液态金属的冷却作用减缓，这时只有处于结晶前沿的一层液态金属才是过冷的。这个区域可以进行结晶，但一般不会产生新的晶核，而是以外壳层内壁上原有晶粒为基础长大。同时，由于散热是沿着垂直于模壁的方向进行，而结晶时每个晶粒的成长又受到四周正在成长的晶体的限制，因而结晶只能沿着垂直于模壁的方向由外向里生长，结果形成彼此平行的柱状晶区，如图1-16所示。

在纯金属中，晶体的长大速度是很快的，如果结晶前沿液态金属的过冷与柱状晶的长大速度相适应，则柱状晶一直能生长到铸锭的中心，直到与对边的柱状晶相碰为止，这种铸锭组织称为穿晶组织。柱状晶区各晶粒朝中心液体生长时，由于其他方向的长大都受到阻碍，使树枝晶得不到充分的发展，树枝的分枝很少，因此结晶后的显微缩孔少，组织较致密。但是，由于柱状晶较粗大，因而较脆；由于方向一致，导致热加工困难。柱状晶除对热加工有不良影响外，对不进行热加工的铸件也是不利的。当柱状晶较发达时，将使铸件在性能上呈现方向性。

第三晶区是铸锭的中心部分，随着柱状晶的发展，型壁温度进一步升高，散热愈来愈慢，而成长着的柱状晶前沿的温度又由于结晶潜热的放出而有所升高，这样整个截面的温度逐渐变为均匀。当剩余液态金属都过冷到熔点以下时，就会在整个残留的液态金属中同时出现晶核而进行结晶。铸锭中心散热已无方向性，形成的晶核向四周各个方向自由生长，从而形成许多位向不同的等轴晶粒。在这种情况下，由于冷却较慢，过冷度不大，形成的晶核也不会很多，所以铸锭的中心区就形成了比较粗大的等轴晶，如图 1-17 所示。

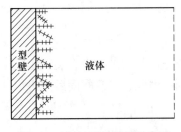　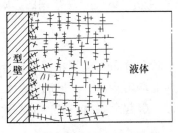　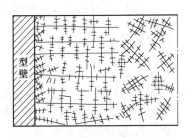

图 1-15　最初开始结晶示意图　　　图 1-16　柱状晶形成示意图　　　图 1-17　中心等轴晶形成示意图

　　等轴晶与柱状晶相比，因各枝晶彼此嵌入，结合得比较牢固，铸锭易于进行压力加工，铸件性能不呈现各向异性。其缺点是树枝晶较发达，分枝较多，显微缩孔增多，使结晶后的组织不够致密，重要工件在进行锻压时应设法将中心压实。铸锭的典型组织如图 1-18 所示。

　　2. 获得柱状晶的因素

　　（1）金属在熔化温度以上剧烈过热并使液体的浇铸温度增高。

　　（2）采用传热系数高、导热快的铸型，例如金属型和水冷却的铸型等。

　　（3）液体金属在铸型内静止冷却（在冷却时没有搅拌振动等因素）。

　　3. 获得等轴晶的因素

　　（1）液体金属过热不大，而且浇铸温度较熔化温度高出不多。

　　（2）使用容量和导热系数小的铸型（如陶瓷型或砂土型），使其缓慢冷却或均匀散热。

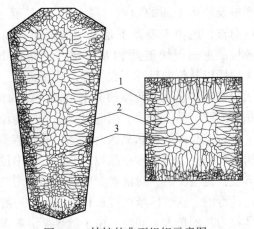

图 1-18　铸锭的典型组织示意图
1—表层细晶区；2—柱状晶区；3—中心等轴晶区

　　（3）在冷却过程中搅拌铸型中的液体金属。

　　（4）液体金属中有难熔杂质的存在。

　　铸锭是液体金属在不同材料的铸型中或者同样材料不同厚度的铸型中冷却后得到的。本实验是研究上述因素对铝铸锭横断面的宏观组织的影响，也要研究液体的浇铸温度和铸型的温度（金属浇入铸型之前的温度）对铸锭宏观组织的影响。

实验设备及材料

　　井式坩埚电阻炉，石墨坩埚，全套金属模和砂模，放大镜，印记，纯铝，金相砂纸，显示铝铸锭宏观组织的浸蚀剂（王水或 40%NaOH 的水溶液）等。

实验内容与步骤

1. 铝铸锭试样的制作

（1）把纯铝放入经预热发红的石墨坩埚中，升温使其熔化，当铝液温度达到 720 ℃ 或 820 ℃时，浇入冷金属模、冷砂模、热金属模（在箱式电炉中预热到 300 ℃），这样一共可进行六种作业：

① 720 ℃铝液浇入室温的金属模中。

② 720 ℃铝液浇入预热的金属模中。

③ 720 ℃铝液浇入冷砂模中。

④ 820 ℃铝液浇入室温的金属模中。

⑤ 820 ℃铝液浇入预热的金属模中。

⑥ 820 ℃铝液浇入冷砂模中。

（2）用钳子从炉中取出盛有铝液的坩埚浇入铸型中，当铸型中的液体金属凝固后，取出铸锭，并用印记打上号码，然后用手锯将铸锭沿横断面锯开。

（3）用锯开的铸锭制作宏观试样，其步骤如下：

① 将试样用 180 号砂纸磨光。

② 用水清洗后用苯除去油迹，再用酒精除去水渍并吹干。

③ 用适当的浸蚀剂浸蚀。先用 40%NaOH 水溶液浸蚀，如浸蚀不出，可改用王水，时间 3~5 min。

④ 浸蚀后在水中冲洗并吹干。

2. 铝铸锭宏观组织的观察

观察铝铸锭的晶粒大小、形状及分布情况，并注意观察缩孔、气泡、树枝状晶的特征。

实验注意事项

（1）浇铸前，所有模具和工具都要预热干燥，防止浇铸时爆炸伤人。

（2）接触液体金属时需要特别小心，当用抱钳夹持盛有液体金属的坩埚或热的金属模块时，特别要保护眼睛不受烧伤，不要让水或其他液体溅到热金属表面上。

（3）本实验用的浸蚀剂有王水，应在通风橱中或在通风条件下进行浸蚀，经过浸蚀后的试样要用钳子夹持，首先要在盛水的容器内洗净，然后才可以在水龙头下冲洗。

实验报告要求

（1）根据各组交换的铝铸锭宏观试样结果，绘出不同加热温度与铸造工艺条件下铸锭的宏观组织图，示意各晶区的分布、晶粒的形状和大小。

（2）分析说明实验中采用浇铸工艺条件的差异对铸锭组织的影响。

实验1-4　铁碳合金平衡组织的显微观察与分析

实验目的

（1）观察碳钢和铸铁试样在平衡状态下的显微组织；

（2）了解含碳量对铁碳合金显微组织的影响，从而加深理解成分、组织和性能间的关系；

（3）学习用金相法确定钢的含碳量。

实验原理

通常将 $w_C < 2.11\%$ 的 Fe-C 合金称为钢，$w_C > 2.11\%$ 的 Fe-C 合金称为铁。根据铁碳二元相图（图1-19），它们在室温下的组成相都是铁素体和渗碳体，但它们在显微组织上有很大的差异。

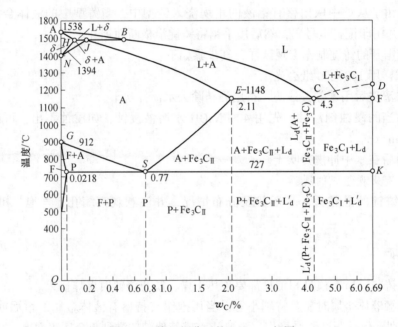

图1-19　按组织分区的 Fe-Fe₃C 相图

1. 铁碳合金中的基本相和组织

（1）铁素体（F）。它是碳在α-Fe 中的固溶体，为体心立方晶格。具有磁性及良好的塑性，硬度较低。用 3%～4% 硝酸酒精溶液浸蚀后，在显微镜下呈现明亮的多边形晶粒。亚共析钢中，铁素体呈块状分布；当含碳量接近于共析成分时，铁素体则呈断续的网状分布于珠光体（共析体）周围。

（2）渗碳体（Fe₃C）。它是铁与碳形成的一种化合物，其 w_C 为 6.69%。用 3%～4% 硝酸酒精溶液浸蚀后，呈亮白色；若用热苦味酸钠溶液浸蚀，则渗碳体呈黑色而铁素体仍为白色，由此可区别铁素体与渗碳体。此外，按铁碳合金成分和形成条件不同，渗碳体呈现不同的形态：一次渗碳体，从液相中析出，呈条状；二次渗碳体（次生相），从奥氏体中析出，呈网络状沿奥氏体晶界分布；经球化退火，渗碳体呈颗粒状；三次渗碳体从铁素体中析出，常呈颗粒状；共晶渗碳体与奥氏体同时生长，称为莱氏体；共析渗碳体与铁素体同时生长，称为珠光体。

（3）珠光体（P）。它是铁素体和渗碳体的机械混合物，是共析转变的产物。由杠杆定律可以求得铁素体与渗碳体的含量比为 8∶1。因此，铁素体厚，渗碳体薄。硝酸酒精浸蚀后可观察到两种不同的组织形态。

1）片状珠光体。它是由铁素体与渗碳体交替排列形成的层片状组织，经硝酸酒精溶液浸蚀后，在不同放大倍数的显微镜下，可以看到具有不同特征的层片状组织。

2）球状珠光体。其组织的特征是在亮白色的铁素体基体上，均匀分布着白色的渗碳体颗粒，其边界呈暗黑色。

（4）莱氏体（L_d）。室温时是珠光体、二次渗碳体和共晶渗碳体所组成的机械混合物。它是含碳量为 4.3% 的液态共晶白口铸铁在 1148 ℃ 发生共晶反应所形成的共晶体（奥氏体和共晶渗碳体），其中奥氏体在继续冷却时析出二次渗碳体，在 727 ℃ 以下分解为珠光体。因此，莱氏体的显微组织特征是在亮白色的渗碳体基底上相间地分布着黑色斑点或细条状的珠光体。

2. 铁碳合金在室温下的显微组织特征

（1）工业纯铁。含碳量 <0.0218% 的铁碳合金通常称为工业纯铁，它为两相组织，即由铁素体和三次渗碳体组成。图 1-20 所示为工业纯铁的显微组织，其中黑色线条是铁素体的晶界、而亮白色基体是铁素体的多边形状等轴晶粒。

（2）碳钢。

1）亚共析钢，含碳量为 0.0218%～0.77% 的铁碳合金。其组织由先共析铁素体和珠光体

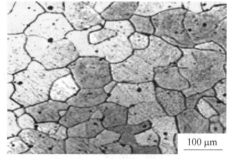

图 1-20　工业纯铁显微组织

所组成，随着含碳量的增加，铁素体的数量逐渐减少，而珠光体的数量则相应地增多，图 1-21 所示为亚共析钢的显微组织，其中亮白色为铁素体，暗黑色为珠光体。

2）共析钢，含碳量为 0.77% 的铁碳合金。其显微组织由单一的共析珠光体组成，如图 1-22 所示。

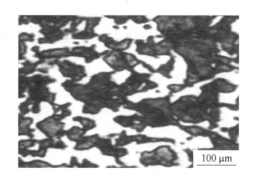

图 1-21　亚共析钢（45 钢）的显微组织

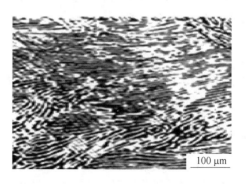

图 1-22　共析钢的显微组织

3）过共析钢，含碳量为 0.77%～2.11%的铁碳合金。其组织由先共析渗碳体（即二次渗碳体）和珠光体组成。钢中含碳量越多，二次渗碳体数量越多。图 1-23 所示为含碳量 1.2%的过共析钢的显微组织。经 4%硝酸酒精浸蚀后珠光体呈暗黑色，而二次渗碳体则呈白色网状（见图 1-23（a））。若用煮沸的苦味酸钠溶液来浸蚀，二次渗碳体被染成黑色网状，而铁素体仍为白亮色，如图 1-23（b）所示。

图 1-23　过共析钢（T12）的显微组织
（a）浸蚀剂：4%硝酸酒精溶液；（b）浸蚀剂：碱性苦味酸钠溶液

（3）白口铸铁。含碳量大于 2.11%的铁碳合金称为白口铸铁，其中的碳以渗碳体的形式存在，断口呈白亮色而得此名。

1）亚共晶白口铸铁。含碳量<4.3%的白口铸铁称为亚共晶白口铸铁，在室温下亚共晶白口铸铁的组织为珠光体+二次渗碳体+莱氏体，如图 1-24 所示。用 4%硝酸酒精溶液浸蚀后，在显微镜下呈现黑色枝晶状的珠光体和斑点状莱氏体，其中二次渗碳体与共晶渗碳体混在一起，不易分辨。

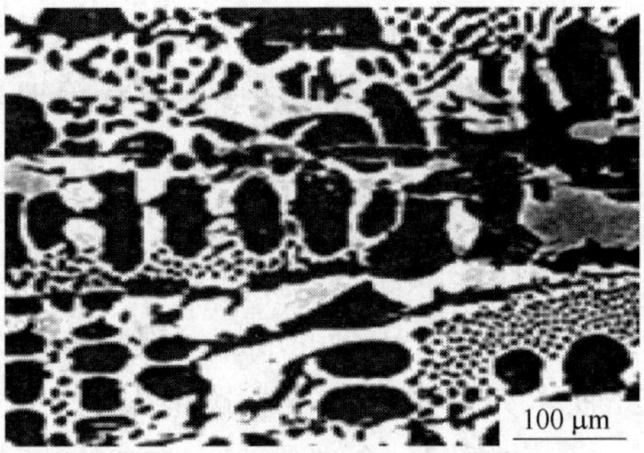

2）共晶白口铸铁。共晶白口铸铁的含碳量为 4.3%，它在室温下的组织由单一的共晶莱氏体组成。经 4%硝酸酒精浸蚀后，在显微镜下，珠光体呈暗黑色细条或斑点状，共晶渗碳体呈亮白色，如图 1-25 所示。

图 1-24　亚共晶白口铸铁显微组织

3）过共晶白口铸铁。含碳量>4.3%的白口铸铁称为过共晶白口铸铁，在室温时的组织由一次渗碳体和莱氏体组成。用 4%硝酸酒精溶液浸蚀后，在显微镜下可观察到在带黑色斑点的莱氏体基体上分布着亮白色的粗大条片状的一次渗碳体，其显微组织如图 1-26 所示。

实验设备及材料

（1）金相显微镜。

（2）碳钢（亚共析钢、共析钢、过共析钢）试样。

（3）白口铸铁（亚共晶白口铸铁、共晶白口铸铁、过共晶白口铸铁）试样。

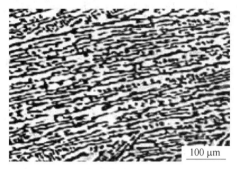

图 1-25　共晶白口铸铁显微组织

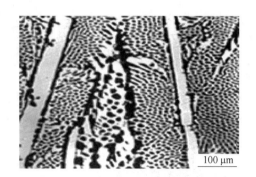

图 1-26　过共晶白口铸铁显微组织

实验内容与方法

（1）按表 1-2 的要求制备试样，并观察各试样的显微组织特征。

（2）根据 Fe-C、Fe-Fe₃C 双重相图，详细分析各试样的显微组织。

（3）根据显微组织测定表 1-2 中 3 号亚共析钢样品的含碳量。

表 1-2　实验内容

试样编号	名称（含碳量）	状态	显微组织	浸蚀剂
1	工业纯铁（>99.8%）	铸造	铁素体	4%硝酸酒精
2	亚共析钢（0.20%）	铸造	铁素体+珠光体	4%硝酸酒精
3	亚共析钢（0.45%）	铸造	自行确定	4%硝酸酒精
4	共析钢（0.8%）	铸造	珠光体	4%硝酸酒精
5	过共析钢（1.2%）	铸造	珠光体+二次渗碳体	4%硝酸酒精
6	亚共晶白口铁（3.5%）	铸造	莱氏体+珠光体+二次渗碳体	4%硝酸酒精
7	共晶白口铁（4.3%）	铸造	莱氏体	4%硝酸酒精
8	过共晶白口铁（5.6%）	铸造	莱氏体+一次渗碳体	4%硝酸酒精

实验报告要求

（1）画出所观察样品的显微组织示意图，注明合金成分、状态、放大倍数及各组织组成物的名称，并用箭头标明相组成物和组织组成物的名称于组织图外。

（2）画出 Fe-C 相图，并以所观察的任一个样品为例，分析其结晶过程。

（3）根据观察的组织，说明含碳量对铁碳合金的组织和性能影响的规律。

实验 1-5   二元和三元合金的显微组织观察与分析

实验目的

（1）观察和识别二元和三元合金显微组织特征；

（2）了解合金成分对显微组织的影响，从而加深理解合金成分、组织性能之间的关系；

（3）熟悉最基本的二元合金和三元合金相图。

二元合金中的基本组织特征

合金成分不同时，合金凝固后可形成不同的相和组织，成分相同但凝固及处理条件不同时，也可构成不同的组织。其形态因组成相的本性、冷却速度及其他处理条件、组成相相对量等因素不同，可有多种形貌，现简要介绍如下。

1. 单相固溶体

固溶体结晶时，先从熔体中析出的固相成分与后从熔体中析出的固相成分是不同的。平衡凝固时，固相原子经过充分扩散，可以得到成分均匀的单相固溶体；非平衡凝固时，固相原子来不及扩散均匀，从而使凝固结束后晶粒内各部分存在浓度差别，故各处耐腐蚀性能不同，浸蚀后在显微镜下呈现树枝状特征。下面以 Cu-20%Ni 合金为例进行说明。

图 1-27（a）所示为 Cu-Ni 二元合金相图。由相图可知，二元铜镍合金不论含镍多少均为单一的 α 相固溶体，由于液相线和固相线的水平距离较大，加之镍在铜中的扩散速度很慢，因而 Cu-Ni 二元合金的铸造组织均存在明显的偏析。凝固时，晶体前沿液体中出现了成分过冷，形成负的温度梯度，故晶体以树枝状方式生长。电子探针微区分析结果表明，组织中白亮部分（即枝干部位）含高熔点组元 Ni 的比例较高，较耐蚀，因而呈白色；而暗黑部分（枝间部位）含低熔点组元 Cu 较多，不耐腐蚀，因而呈黑色。这种组织（图 1-27（b））称枝晶偏析组织（晶内偏析），枝干与枝间的化学成分不均匀。这种树枝状组织甚至可一直保持到热加工之后。消除了晶内偏析的 Cu-Ni 合金的显微组织特征为单相固溶体，其内晶粒和晶界清晰可见（图 1-27（c））。

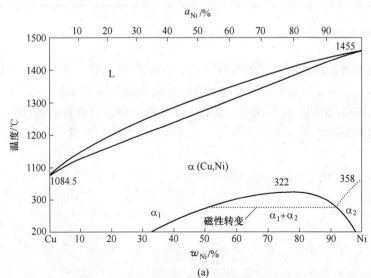

(a)

 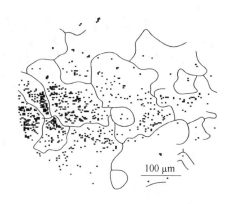

状态：非平衡结晶；腐蚀剂：(FeCl₃+酒精+少量(HCl)溶液；组织特征：非平衡结晶形成的树枝状组织，白色富含Ni,黑色富含Cu

(b)

状态：均匀化退火；腐蚀剂：(FeCl₃+酒精+少量HCl)溶液；组织特征：等轴状的 α 固溶体晶粒

(c)

图 1-27　Cu-Ni 二元合金相图及 Cu-20%Ni 合金显微组织

2. 二元合金中初晶和共晶组织特征

在凝固过程中，首先从液相中析出的相称为初晶相。初晶的形态在很大程度上取决于合金凝固时液-固界面性质。若初晶是纯金属或以纯金属为溶剂的固溶体，一般具有树枝状特征，金相磨面上呈椭圆形或不规则形状。若初晶为亚金属、非金属或中间相，一般具有较规则外形，如多边形、三角形、正方形、针状、棱形等。

二元共晶由两相组成，由于组成相性质、凝固时冷却速度、组成相相对量的不同，可构成多种形态。共晶体按组织形态可分为层片状、球状、点状、针状、螺旋状、树枝状、花朵状等几类。二元共晶一般比初晶细。

根据 Al-Si 二元合金相图（图 1-28 (a)），共晶成分为 12.6%硅，共晶温度为 577℃，硅在 α 固溶体中的溶解度在 577℃ 时为 1.65%，室温时降至 0.05%。铸造合金为了保证良好的铸造工艺性，一般希望接近共晶成分。图 1-28 (b) 所示为 Al-13.6%Si 合金显微组织，图 1-28 (c) 所示为 Al-13.6%Si 合金变质处理后快冷的显微组织。

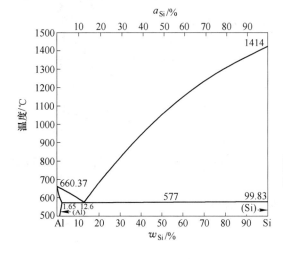 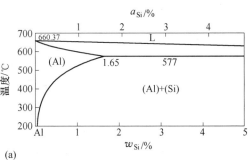

(a)

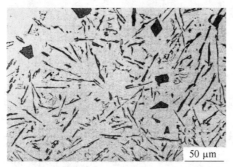
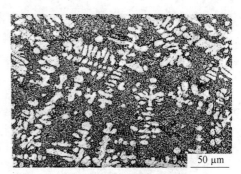

状态：铸造、慢冷；腐蚀剂：0.5%HF水溶液；组织特征：过共晶组织，Si（块状初晶）+(Al+Si)细针状共晶

(b)

状态：铸造、快冷、变质处理；腐蚀剂：0.5%HF 水溶液；组织特征：亚共晶组织，Al（树枝状初晶白色）+(Al+Si)细针状共晶

(c)

图 1-28　Al-Si 二元合金相图及 Al-13.6%Si 合金显微组织

Mg-Zn 二元系相图（图 1-29）比较复杂，富镁端于 340 ℃进行共晶转变：L→α+Mg₂Zn₃；312 ℃时，发生共析转变：$Mg_2Zn_3→α+MgZn$。在共晶温度下，锌在镁中溶解度为 8.4%，300 ℃时为 6.0%，250 ℃时为 3.3%，200 ℃时为 2.0%，150 ℃时为 1.7%，室温下则小于 1.0%。在富锌端于 381 ℃进行包晶反应：$L+ε(MgZn_2)→Mg_2Zn_{11}$，于 364 ℃进行共晶反应：$L→Zn+Mg_2Zn_{11}$。Zn-3%Mg 合金接近共晶成分点，组织中几乎都是共晶体，呈螺旋状（图 1-30）。

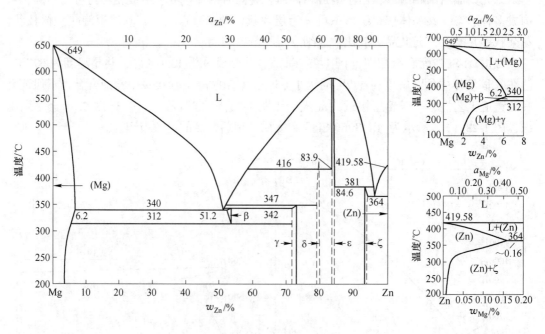

图 1-29　Mg-Zn 二元系相图

图 1-30 Zn-3%Mg 二元合金金相组织图

图 1-31 和图 1-32 列出了 Cu-Ti 和 Cu-Bi 合金的二元合金相图及典型成分合金的显微组织，供学习时参考。

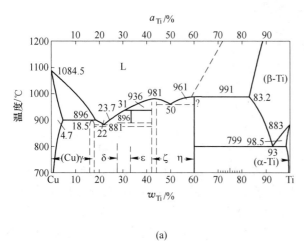

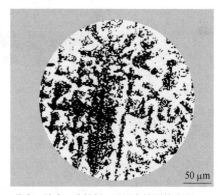

状态：铸态；腐蚀剂：硝酸高铁酒精溶液；
组织特征：$(\alpha+Cu_3Ti)_{共晶}+Cu_3Ti_{初晶}$

(a)　　　　　　　　　　　　(b)

图 1-31 Cu-Ti 二元合金相图及 Cu-10.28%Ti 合金显微组织

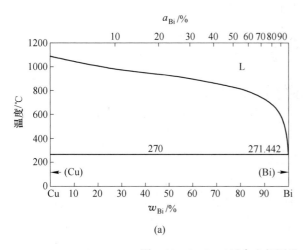

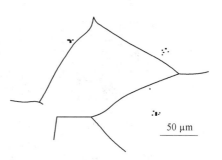

状态：铸态；腐蚀剂：未蚀；组织特征：α固溶体+隐蔽共晶

(a)　　　　　　　　　　　　(b)

图 1-32 Cu-Bi 二元合金相图及 Cu-2%Bi 合金显微组织

隐蔽共晶是指当初晶比例很大、共晶比例很少时，初晶析出后，剩余液相量极少，则共晶中一相附着在初生相上，而不呈现共晶特征，只见一相孤独地分布在另一相上或晶间（图1-32（b）），称为隐蔽共晶（或离异共晶）。

3. 二元合金中共析组织特征

共析转变产物组织一般是两相大致平行、互相交替的片层所组成的领域，也有呈球状的，比共晶更为细小。Cu-Al系共析组织（图1-33）即属此类。

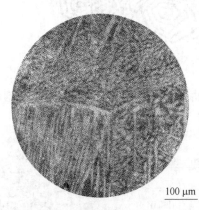

状态：铸造；
腐蚀剂：0.5%HF水溶液；
组织特征：$(Cu)_{初晶}+Al_4Cu_9$

100 μm

图1-33　Cu-10%Al合金的显微组织

4. 二元合金中包晶组织特征

在正常凝固条件下，包晶成分的合金在冷却到液相线以下温度时，首先析出初晶相；冷却到包晶转变温度以下时，初晶相和周围溶液反应，形成新相，反应在固相-液相界面上发生，组织中出现包晶反应生成物包围着先析出相的特征。在缓慢冷却时，原子可以通过新相向界面扩散，继续进行包晶转变，因此，最后可得到均匀的多边形晶粒。与单相固溶体组织相比，组织上并没有特殊之处。当铸造生产时，冷却比较快的条件下，扩散来不及充分进行，凝固组织中常常看到残留的、被包晶反应形成的新相所包围的先结晶相。

对于非包晶成分的合金，具有过量的先结晶固相时，即使缓慢冷却，也会出现"包晶"组织。快速凝固时，先结晶相的残留量增多（图1-34）。

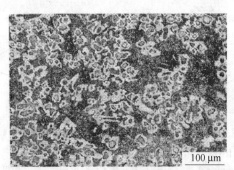

状态：铸造；
腐蚀剂：3%硝酸酒精溶液；
组织特征：包晶反应不平衡组织+隐蔽共晶

100 μm

图1-34　Fe-16%Sb合金的显微组织

5. 二元合金中其他非平衡组织特征

不完全包晶组织、非平衡共晶组织、伪共晶组织、隐蔽共晶组织、晶内偏析都属于非平衡组织，经扩散退火，可促使组织趋向平衡状态。Al-Mn 系也存在这类组织，如图 1-35 所示。根据相图可知，这种合金 $w_{Mn}=1.0\%\sim1.6\%$，平衡组织应为 $\alpha+\beta(MnAl_6)$，其中的 β 相是降温时从 α 相中脱溶析出的。当冷却速度较快时，余留液相的成分点右移，从而在 α 相晶粒边界出现共晶组织，这种组织属于非平衡共晶组织。

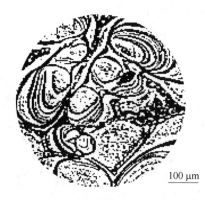

状态：半连续铸造；
腐蚀剂：10%NaOH水溶液；
组织分析：$\alpha+\beta(MnAl_6)+(\alpha+\beta)_{共晶}$

图 1-35　3A21 铝合金的显微组织

三元合金的组织分析

1. 三元合金的相图分析

图 1-36 是 Sn-Bi-Pb 三元相图的液相面投影图，其中 Sn、Bi、Pb 三组元在液态完全互溶，在固态完全不互溶。投影图上的三个顶点分别代表纯组元 Sn、Bi、Pb，三条边分别代表三个二元共晶型合金 Bi-Pb、Sn-Bi、Pb-Sn，它们的共晶点分别为 e_1、e_2、e_3，E 点代表四相平衡的三元共晶点，其转变式可写为：$L \rightarrow Bi+Sn+\beta$，$P$ 点代表四相平衡的包共晶点，其转变式可写为：$L+Pb \rightarrow Sn+\beta$。

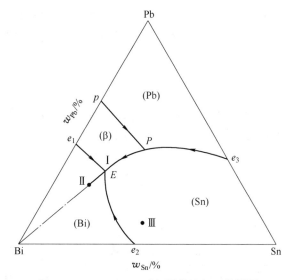

图 1-36　Sn-Bi-Pb 三元相图的液相面投影图

2. 三元合金的组织特征

图 1-37 所示为 Sn-Bi-Pb 三元系合金中三个典型合金砂模铸造的显微组织。各合金的成分为：合金 Ⅰ，Bi-33%Pb-17%Sn，在 E 点进行典型的 L→Bi+Sn+β 四相平衡的三元共晶反应，结晶完毕后的组织为：$(Bi+Sn+\beta)_{共晶}$；合金 Ⅱ，Bi-25%Pb-13%Sn，结晶完毕后的组织为：$Bi_{初晶} + (Bi+Sn+\beta)_{共晶}$；合金 Ⅲ，Bi-7%Pb-40%Sn，结晶完毕后的组织为：$Sn_{初晶} + (Bi+Sn)_{共晶} + (Bi+Sn+\beta)_{共晶}$。它们在图 1-36 的投影图上的位置分别用 Ⅰ、Ⅱ、Ⅲ 标出。

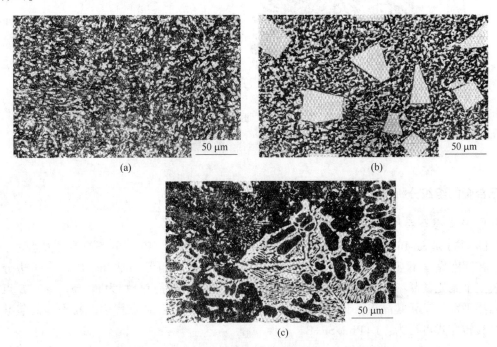

图 1-37　Sn-Bi-Pb 三元系的典型显微组织（砂型铸造）

（a）Bi-33%Pb-17%Sn 合金；（b）Bi-25%Pb-13%Sn 合金；（c）Bi-7%Pb-40%Sn 合金

实验内容

学完二元和三元系合金相图后，进行本实验，由实验室提供试样，利用二元或三元相图，判别各合金中的相及组织类型，分析各种组织形态特征，弄清二元和三元合金组织分析方法。

实验报告要求

（1）在实验观察后记录表 1-3。

表 1-3　实验记录表

合金系成分	由相图分析所确定的组织	金相显微镜下所观察的组织

续表 1-3

合金系成分	由相图分析所确定的组织	金相显微镜下所观察的组织

（2）简要说明二元和三元合金显微组织的典型特征及分析方法。

（3）在所观察的组织图外标明组织组成物或相组成物。

（4）以所观察的任一个成分的合金样品为例，分析其结晶过程。

实验 1-6　金属塑性变形与再结晶组织分析

实验目的

（1）了解塑性变形对金属显微组织的影响；

（2）熟悉经不同变形后的金属在加热时组织的变化规律；

（3）掌握变形程度、退火温度对金属再结晶晶粒大小的影响。

实验原理

金属变形可分为弹性变形、塑性变形和断裂三个基本过程。当应力增加到超过弹性极限时，金属就要产生塑性变形，外力去掉后，这部分变形仍然保留，此种变形过程称为塑性变形。塑性变形能提高金属和合金的强度与硬度，而塑性、韧性则下降，即产生加工硬化现象。

1. 冷变形对金属显微组织的影响

金属发生塑性变形时，随着变形程度的增加，晶粒逐渐沿受力方向伸长，并且晶粒内部产生许多亚晶粒。

2. 变形程度对再结晶后晶粒大小的影响

变形程度是影响再结晶退火后晶粒大小的最重要因素。在其他条件相同的情况下，变形量越大，则晶粒越细。变形程度与晶粒度的关系如图 1-38 所示。由图可见，变形度很小时（图中 Oa 段），金属材料的晶粒没多大变化。当变形程度增加到一定数值（图中 b 点）后，得到最大晶粒，此变形程度称为临界变形程度。临界变形程度随金属不同而异，一般为 2%～10%。铁约为 5%～6%，钢约为 5%～10%，铜及黄铜约为 5%，铝约为 1%～3%。

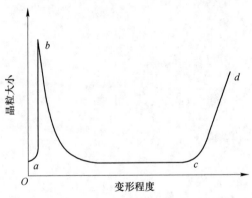

图 1-38　变形程度对再结晶后晶粒大小的影响

当变形量在临界变形量附近时，晶粒之所以变粗是由于变形量小时，变形不均匀并分布在个别区域，只有极少数区域有条件产生核心。因此，这些个别核心就可以进行异常地长大，最后长为粗晶粒。变形量增加时，形成核心的微小区域增加，这时每个核心都需要长大，在相互制约的情况下得到细晶粒。但当变形量太大时，在曲线上又出现第二个高峰，即晶粒反而又变粗，一般认为这是由于变形织构造成的。

3. 退火温度和保温时间对再结晶后晶粒大小的影响

退火加热温度越高，保温时间越长，晶粒越粗大。但加热温度越高，其影响越为明显，随着加热温度的升高，晶粒几乎呈直线长大。

4. 原始晶粒大小的影响

原始晶粒越细，则晶界越多，形成核心的有利地方也越多。因此，再结晶后得到的晶粒也越细，反之则越粗。

下面举例说明各因素对金属显微组织的影响情况。

例 1-1 5A05 铝合金（M 态）于不同冷变形量变形后的组织如图 1-39 所示。由图可见，当变形量不大（30%，图 1-39（a））时，合金基本上保持加工前形状。已有少量 $\beta(Mg_2Al_3)$ 质点从 $\alpha(Al)$ 相中析出。随变形量增加到 50%，晶粒开始沿着加工方向变形，析出部分 β 相（图 1-39（b））。当变形量达 85% 时（图 1-39（c）），晶粒严重变形，绝大部分沿着加工方向被拉伸成纤维状，有更多的 β 相从 α 相析出。当变形量很大（95%，图 1-39（d））时，所有晶粒转向加工方向，形成了纤维状组织。

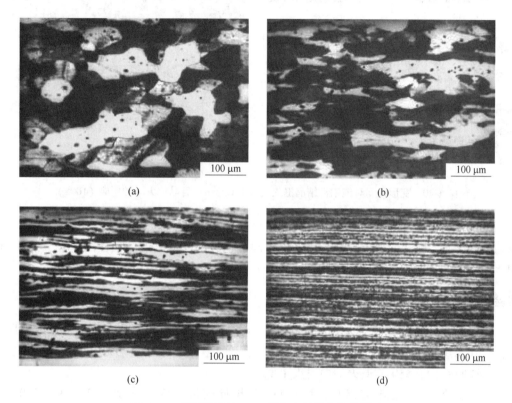

图 1-39 变形程度对 5A05 铝合金显微组织的影响

（a）变形量 30%；（b）变形量 50%；（c）变形量 85%；（d）变形量 95%

例 1-2 纯铝经不同冷变形量变形，然后进行退火的宏观组织（混合酸腐蚀）如图 1-40 所示。试样处理条件为：退火温度为 580 ℃，退火 1 h。

从以上的宏观组织图可看出：材料经不同的变形程度变形后，进行再结晶退火。再结晶后晶粒尺寸不相同，当变形程度小于临界变形程度时，变形程度越大，再结晶晶粒越大；当变形程度大于临界变形程度时，变形程度越大，再结晶晶粒越小。

实验设备及材料

（1）实验设备：小型拉伸试验机，铁锤，洛氏硬度计，金相显微镜，箱式电阻加热炉（带测温控温装置）。

（2）实验用品：测量试样尺寸用的游标尺，不同粗细的金相砂纸一套、抛光磨料、

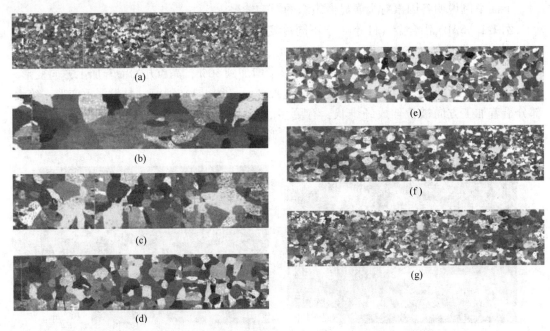

图 1-40　变形程度对纯铝再结晶退火（580 ℃/1 h）后晶粒大小的影响（100×）

（a）$\varepsilon = 1\%$；（b）$\varepsilon = 3\%$；（c）$\varepsilon = 4.5\%$；（d）$\varepsilon = 6\%$；（e）$\varepsilon = 9\%$；（f）$\varepsilon = 12\%$；（g）$\varepsilon = 15\%$

浸蚀剂、无水乙醇，同变形量变形后，再经同一退火温度退火的纯铝样品一套，浸蚀剂：$HF : HNO_3 : HCl : H_2O = 15 : 15 : 45 : 25$。

实验步骤与方法

（1）纯铝拉伸变形及退火。每班分成 6~8 组，每组 4~5 人，每人一片工业纯铝片材试样。在每组学生中，各人的铝片拉伸变形量不同，分别为 1%、3%、6%、9%、12%、15%。拉伸后，于 550 ℃退火炉中退火 1 h。

（2）选取 4 块工业纯铝片，均进行 6%拉伸变形，然后分别于 250 ℃、350 ℃、450 ℃、580 ℃下退火 1 h。

（3）观察退火后各样品的晶粒并测量其大小，分别画出晶粒度与不同变形程度、不同退火温度的关系曲线。

实验报告要求

（1）简述实验目的、实验内容与步骤。

（2）总结不同冷变形量及不同再结晶退火温度对纯铝显微组织的影响，并给予解释。

1.2 金属热处理实验

实验 1-7 等温转变动力学曲线的测试

实验目的

（1）用金相法和硬度法测定钢的 C 曲线；

（2）了解奥氏体在不同过冷度下转变所得的显微组织和硬度的差别。

实验原理

1. 过冷奥氏体等温转变 C 曲线的定义及意义

钢的过冷奥氏体等温转变图简称为 C 曲线，亦称 TTT 图或 IT 图（或曲线）。C 曲线是研究钢在不同温度下处理后组织状态的重要依据，可根据钢的 C 曲线来确定热处理工艺，估计钢的淬透性，恰当地选择淬火介质和淬火方法，确定工艺参数，各种钢的退火、正火、等温处理、分级淬火、形变热处理等工艺参数的选择更离不开 C 曲线的指导。

2. 过冷奥氏体等温转变 C 曲线及测定

将钢奥氏体化后，使其在不同的过冷度下发生等温转变，然后在各个温度-时间坐标图上，把各个转变开始点和终止点分别连成曲线，即得 C 曲线，见图1-41。图中横坐标表示时间，一般取对数，纵坐标表示温度；左边的曲线表示过冷奥氏体转变开始曲线；右边的曲线表示过冷奥氏体转变终了曲线；左边曲线以左区域，过冷奥氏体处于孕育期，可以看到，在 C 曲线拐弯"鼻子"处（图 1-41 中 550 ℃左右），孕育期最短，过冷奥氏体在此温度范围最不稳定，容易分解；右边曲线以右区域为产物区；两曲线之间为奥氏体转变正在进行区域；M_s 温度以下为马氏体转变区。

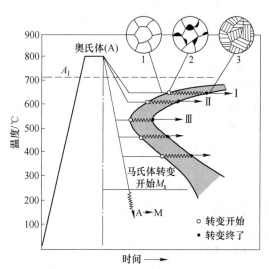

图 1-41 共析钢 C 曲线及实验方法

常用的 C 曲线测定方法有热膨胀法、热分析法、金相及硬度法和磁性法。本实验采用金相及硬度法。选用 $w_C = 0.8\%$ 的共析钢制成很多小片圆形试样（$\phi 10\ \text{mm} \times 1.5\ \text{mm}$），加热到临界点 A_{c1} 以上某一温度，使其得到均一的奥氏体，再迅速冷却到 A_{r1} 以下某一温度（如 720 ℃、660 ℃、600 ℃、550 ℃、500 ℃、450 ℃……）的等温盐浴炉中（相当于图 1-41 的冷却曲线Ⅰ、Ⅱ、Ⅲ……），观测过冷奥氏体的转变。例如 660 ℃等温盐浴炉中（冷却曲线Ⅰ），试样 1、2、3 分别等温保持时间 t_1、t_2、t_3 后，急速淬入水中，然后磨制成金相试样，在金相显微镜下观察它们的组织：等温 t_1 的 1 号试样未出现珠光体，因此过冷奥氏体淬入水中全部转变为马氏体；等温 t_2 的 2 号试样在奥氏体晶界上开始形成珠光体（约为 1%～2%），在白亮的马氏体基体上出现少量的黑色珠光体（硝酸酒精浸蚀），用金相法是很容易辨别的；其他试样随着等温时间继续延长，珠光体越来越多，直到等温 t_3 的 3 号试样全部为珠光体。可测出在 660 ℃ 恒温下奥氏体转变为珠光体的开始时间 t_2 和转变终了时间 t_3。这里需要说明，随着珠光体转变量的增多，用金相法来辨别增加的数量就不准确了，因此需要硬度法来补充，因为奥氏体转变终了在珠光体基体上有少量马氏体对硬度是很灵敏的。为此，每一试样水淬后除了进行金相组织检查外，均要进行洛氏硬度实验，测定硬度值，并在硬度-时间（s）的坐标上绘出曲线，见图 1-42。

设有 5 个试样，它们在浴炉中的停留时间：1 号试样为 ab，2 号试样为 ac，3 号试样为 ad，4 号试样为 ae，5 号试样为 af。由图 1-42 可知，停留 ab 一段时间后，在水中淬火，所得的组织全部是马氏体，且获得最高硬度值。在等温温度下所停的时间如小于 ac 线段，就不会发生等温转变，在停留 ad 时间后，有一部分奥氏体转变为铁素体和渗碳体的混合物（珠光体或贝氏体），另一部分奥氏体

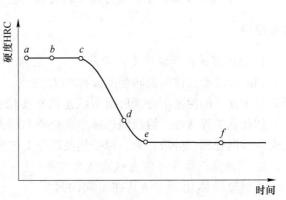

图 1-42　不同等温处理时间与硬度的关系曲线

在水中冷却时转变为马氏体。试样的组织既含有马氏体又含有珠光体或贝氏体，其硬度较纯马氏体低，但较纯珠光体（或贝氏体）高，在停留相当于 e 点的时间后，全部奥氏体转变为珠光体或贝氏体，其硬度也最低。在 f 点可以得到珠光体或贝氏体，而没有马氏体，其硬度与停留 ae 时间后相同。因此，在硬度-时间曲线上明显示出 c 点（奥氏体转变开始）与 e 点（奥氏体转变终止）间硬度变化的急剧转折。同样在金相显微镜下可观察到 c 点刚出现珠光体或贝氏体（在马氏体基体上发现有 1～2 "个" 转变产物），e 点全部为珠光体或贝氏体（转变量为 98%）。所以奥氏体在浴炉恒温停留一定时间后，在水中淬火可以找出转变开始和转变终止的时间。

用同样的方法，也可以找到在其他温度下（冷却曲线 I、II……）过冷奥氏体等温转变的开始点和转变终了点，把各种等温下的转变开始点和终了点依次连接起来（如图 1-41 中的。点相连，●点相连）即成 "C" 形过冷奥氏体等温转变图。

马氏体开始转变点（M_s）的测定，需要三个浴炉，可用上述规格的试样。试样在第一个浴炉中奥氏体化后，迅速淬入第二个浴炉中，炉温为估算得出 M_s 点的温度 T，若此温度低于实际 M_s 点，则试样将有部分奥氏体转变为马氏体。在温度 T 等温数秒后，即迅速转入温度略高于第二浴炉炉温 30～50 ℃ 的第三浴炉中进行回火（等温时间不要超过下贝氏体形式的孕育期）。保温数秒（2～5 s）后，淬火马氏体即被回火而成回火马氏体，未转变的仍为奥氏体。最后从第三个浴炉中取出淬入水中或 10%NaOH 水溶液中。此时未转变的奥氏体大部分转变为马氏体，经过上述处理后，试片上观察到的回火马氏体数量就是在温度 T 时奥氏体转变为马氏体的数量。因此，凡是观察到回火马氏体（马氏体片呈暗黑色），即表示温度 T 低于 M_s 点，而观察不到回火马氏体则表示温度 T 高于 M_s 点，这

样升高或降低第二个浴炉的温度 T，经过反复实验使试片上回火马氏体量为 1% 左右，则此时第二个浴炉的温度即为 M_s 点。

实验设备及材料

（1）坩埚炉若干以及温度控制仪。

（2）洛氏硬度计、金相显微镜（500×）、5%～10% 的食盐水溶液淬火槽、预磨机与抛光机、秒表、砂纸及硝酸酒精腐蚀剂等。

（3）共析钢试样若干个（实验材料建议选用 T8 钢，试样的化学成分一定要均匀），将试样制成圆形 ϕ10 mm×1.5 mm，并编号。在试样的边缘处钻一个小孔，并用 100～150 mm 的细铁丝一端穿过此孔缠结。

实验内容及步骤

为了得到 C 曲线的基本形状，应在 5 个以上温度下进行等温转变研究，建议选在 700 ℃、650 ℃、600 ℃、550 ℃、500 ℃、400 ℃、350 ℃等温度下进行实验。

本实验共分两个大组，每个大组各做一个共析钢的 C 曲线。每个组分三个小组，每小组各做两个温度等温转变。实验步骤如下：

（1）试样编号。每个等温温度取 10 个试样，按顺序编号，以防处理过程中弄混。

（2）预计各试样的停留时间参照表 1-4 及图 1-41，确定各试样在等温温度下的停留时间，并填入表 1-5 中。

表 1-4　共析钢等温转变数据

等温转变温度/℃	转变开始时间/s	转变结束时间/s	金相组织	硬度 HRC
700	180	3600	珠光体（片距 0.6～0.7 μm）	15
662	10	90	索氏体（片距约 0.25 μm）	31
580	1	5	屈氏体（片距约 0.1 μm）	41
496	1.5	10	上贝氏体（羽毛状）	42
400	8	100	贝氏体	44
288	100	1300	下贝氏体（针状）	56
240 以下			马氏体（针状）	58～65

表 1-5　各试样在等温炉中停留的时间及淬火后的硬度

试样编号 等温温度/℃	1	2	3	4	5	6	7	8	9	10

注：以分子为停留时间（s），分母为淬火后硬度（HRC）填入表中。

（3）等温处理淬火。将试样在盐浴坩埚炉中加热到奥氏体化温度（885 ℃）保温 15 min 后，然后在 1 s 内迅速将试样转移到预定温度的等温炉中停留，等温停留时间达到预计时间后，取出迅速放入盐水中淬火。

（4）测定淬火后的硬度。在砂纸上去除黏结物，进行洛氏硬度测定，各个试样测三个硬度值，取其平均值，填入表 1-5 中（分母）。

（5）制备淬火后的金相试样，在 500× 显微镜下进行金相组织检查。

（6）根据同一等温温度的硬度值，做出硬度-时间的变化曲线，结合金相组织检查，就可确定各等温温度下转变的开始（时间）与终止（时间）点。各小组将所测得的转变开始点与转变终止点的时间填入表 1-6 中。

（7）建立 C 曲线图。根据表 1-6 的结果和已知临界点（A_{c1} 或 A_{c3}）及用经验公式估算的马氏体转变开始点（M_s）的位置，便可作出 C 曲线。所取的等温温度越多，测出的 C 曲线图形越准确。

表 1-6　等温转变测定结果

特性点 时间/s 等温温度/℃	转变开始点	转变终止点

实验报告要求

（1）写出实验目的及内容。

（2）简述建立 C 曲线的基本原理和方法。

（3）根据数据画出自己所测硬度-时间曲线。

（4）根据实验所得数据绘制 C 曲线，标注各线名称，填出各区域的组织。

（5）分析讨论影响测试 C 曲线准确性的因素，写出对本次实验的体会。

实验 1-8　珠光体转变及显微组织观察

实验目的

（1）掌握珠光体的形成条件和组织特征；

（2）了解珠光体转变中的相及组织组成物的形态及分布特点；

（3）分析珠光体组织形态与性能之间的关系。

实验原理

共析碳钢加热奥氏体化后缓慢冷却，在 550 ℃ ~ A_{r1} 之间过冷奥氏体将发生 $\gamma \rightarrow (\alpha + Fe_3C)$ 共析转变，生成由铁素体和渗碳体两相组成的珠光体。

珠光体由铁素体和渗碳体两相组成，根据组成的方式不同，可将珠光体分为片状珠光体和粒状珠光体两大类。

1. 片状珠光体

片状珠光体的片间距 S_0 取决于奥氏体分解时的过冷度，过冷度越大，共析转变温度越低，形成的珠光体的片间距越小。工业上根据片间距的大小常将层片状珠光体分为：珠光体、索氏体和屈氏体。

（1）珠光体：是过冷奥氏体在 650 ℃ ~ A_{r1} 之间的高温区分解的产物，片间距为 150 ~ 450 nm，500 倍金相显微镜下清晰可辨，如图 1-43 所示。

（2）索氏体：是过冷奥氏体在 600 ~ 650 ℃ 之间的分解产物，片间距为 80 ~ 150 nm，800 ~ 1000 倍光学显微镜下可分辨，如图 1-44 所示。

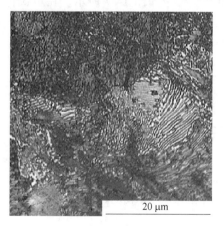

图 1-43　片状珠光体形貌

图 1-44　索氏体形貌

（3）屈氏体：是过冷奥氏体在 550 ~ 600 ℃ 之间的分解产物，其片间距约为 30 ~ 80 nm，只有用高倍电子显微镜才能分辨，如图 1-45 所示。

2. 粒状珠光体

粒状珠光体是铁素体基体上分布着粒状渗碳体，如图 1-46 所示。有三种途径可以获得粒状珠光体：

（1）在特定的奥氏体化工艺条件下，即较低的奥氏体化温度和较短的保温时间，尚存未溶碳化物颗粒，然后缓冷。

（2）片状珠光体经球化退火处理。对于已形成网状二次渗碳体组织的过共析钢，应先进行正火处理，消除网状组织，然后再进行球化退火。

（3）马氏体或贝氏体组织高温回火。

图1-45　屈氏体形貌

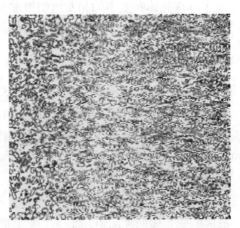

图1-46　T12A钢的粒状珠光体组织（200×）

3. 亚（过）共析钢的珠光体形貌

亚共析钢和过共析钢在发生共析转变之前，先析出先共析铁素体和先共析渗碳体，室温下的组织分别是 F+P 和 Fe_3C_{II} +P。

先共析铁素体的形态可分为块状、网状和片状等，如图1-47所示。在奥氏体成分均匀、晶粒粗大、冷却速度又比较适中时，先共析铁素体可能成片（针）状析出。若奥氏体晶粒粗大，冷却速度较快，先共析铁素体可能沿过冷奥氏体晶界呈网状分布。

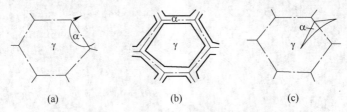

图1-47　先共析铁素体形貌示意图
（a）块状铁素体；（b）网状铁素体；（c）片状铁素体

先共析渗碳体的形态可分为粒状、网状和片状，如图1-48所示。过共析钢在奥氏体成分均匀、晶粒粗大的情况下，从过冷奥氏体中直接析出粒状渗碳体的可能性是很小的，一般是网状或片状的，这样将显著增大钢的脆性。因此，为避免形成网状渗碳体，过共析钢件的退火加热温度必须在 A_{cm} 以下。

工业上将具有片（针）状先共析铁素体加珠光体的组织，或片（针）状先共析渗碳体加珠光体的组织都称为魏氏组织。魏氏组织的出现会导致钢的力学性能恶化，故应避免产生。消除魏氏组织常采用完全退火、正火及锻造等方法。

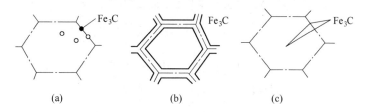

图 1-48 先共析渗碳体形貌示意图

（a）粒状渗碳体；（b）网状渗碳体；（c）片状渗碳体

实验设备及材料

（1）实验设备：实验型箱式电阻炉、试样抛光机、金相显微镜。

（2）实验材料：20、45、60、T8、T12 钢等。

实验步骤及方法

（1）按表 1-7 准备材料并进行相应的热处理操作实验。

（2）将热处理后的样品制备成金相试样并在金相显微镜下观察组织。

表 1-7 实验用钢和热处理组织

序号	材料	处理条件	金相组织
1	20 钢	890 ℃炉冷	铁素体和少量珠光体
2	45 钢	850 ℃炉冷	珠光体和铁素体
3	60 钢	820 ℃炉冷	珠光体和少量铁素体
4	T8	990 ℃炉冷	片状珠光体
5	T8	990 ℃保温，630 ℃盐浴等温，空冷	索氏体
6	T8	990 ℃保温，560 ℃等温，水冷	屈氏体和马氏体
7	T12	920 ℃炉冷	片状珠光体和网状渗碳体
8	20 钢	1000 ℃加热 30 min，空冷	魏氏组织（珠光体和片状铁素体）

实验报告要求

（1）画出所观察样品的显微组织示意图。要求突出显微组织的典型特征，并指出各组织名称。标明试样材料名称、相应的热处理工艺以及金相浸蚀剂和放大倍数等。

（2）简要说明亚共析钢中各相的相对量与含碳量及形成温度（或冷却速度）的关系。

实验1-9 马氏体转变及显微组织观察

实验目的

（1）掌握钢中板条马氏体和片状马氏体的组织形态特征及形成条件；

（2）了解钢中其他类型的马氏体形态特点及形成条件。

实验原理

钢经奥氏体化后，以大于临界淬火速度（v_c）的速度冷却至马氏体开始转变点（M_s）以下，将发生非扩散型相变，过冷奥氏体转变成马氏体。钢淬火的目的是获得马氏体，提高钢的硬度和强度。淬火是钢的最重要的强化方法，也是应用最广泛的热处理工艺之一。

钢的化学成分和热处理条件是影响马氏体形态及其亚结构的重要因素。实践表明，马氏体的强度主要取决于含碳量，而马氏体的韧性主要取决于亚结构。板条状和片状马氏体是两种典型的马氏体组织，此外还有蝶状、薄片状和 ε 马氏体等几种。

1. 板条状马氏体

板条状马氏体是在低碳钢、中碳钢、马氏体时效钢和不锈钢等铁基合金中形成的一种典型的马氏体组织（见图1-49）。显微组织是由许多成群的板条组成，板条群的尺寸约为 $20\sim35~\mu m$，一个原奥氏体晶粒内可形成 $3\sim5$ 个板条群。一个板条群可由一种或几种平行的同位向束组成，每个同位向束又是由若干平行的尺寸约为 $0.5~\mu m\times5.0~\mu m\times20~\mu m$ 的马氏体单晶组成。

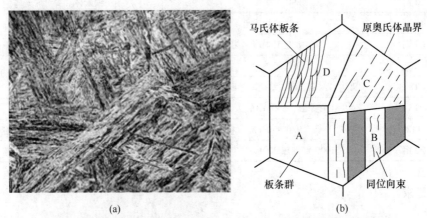

(a)   (b)

图1-49 板条状马氏体形态（200×）及其显微组织结构示意图

（a）板条状马氏体形态（200×）；（b）板条状马氏体显微组织结构示意图

经透射电子显微镜观察发现，板条状马氏体晶内亚结构为高密度的位错，位错密度约为 $3\times10^{11}\sim9\times10^{11}~cm^{-2}$，因此板条状马氏体又称为位错马氏体。

2. 片状马氏体

片状马氏体是常见于淬火高碳钢、中碳钢及高镍的 Fe-Ni 合金中的另一种典型的马氏体形态。片状马氏体的立体形态呈双凸透镜状，与试样磨面相截呈针状或竹叶状，故又称为针状马氏体或竹叶状马氏体（见图1-50）。片状马氏体的亚结构主要为孪晶，因此又称其孪晶马氏体。

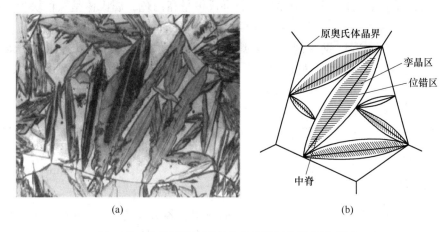

(a)   (b)

图 1-50　片状马氏体形态及其显微组织结构示意图

（a）片状马氏体形态；（b）片状马氏体显微组织结构示意图

片状马氏体的显微组织特征是，马氏体片之间不相互平行。先形成的第一片马氏体贯穿整个奥氏体晶粒，随后形成的马氏体片受限于奥氏体晶粒的其他区域，越是后形成的马氏体片越小。片状马氏体显微组织的另外一个显著特征是，常能见到有明显的中脊。

应当指出，上述片状马氏体的形貌特征只有在晶粒足够大时才能在光学显微镜下看到，在正常的热处理组织中，由于晶粒细小，因而不易观察到片状马氏体的真实形貌，这时的马氏体通常称为隐晶马氏体。

3. 其他形状的马氏体

（1）蝶状马氏体。在 Fe-Ni 合金中，当马氏体在某一温度范围内形成时，会出现具有特异形态的马氏体。这种马氏体的立体形态为"V"形柱状，其断面呈蝴蝶状，故称蝶状马氏体。电镜观察证实其内部亚结构为高密度位错，看不到孪晶。从蝶状马氏体的形状及形成温度看，它是介于板条状马氏体与片状马氏体之间的一种特殊形态，它的性质也介于两者之间。

（2）薄片状马氏体。这种马氏体是在 M_s 点极低的 Fe-Ni-C 合金和 Fe-Al-C 合金中发现的。其立体形态为薄片状，金相显微镜观察呈宽窄一致的平直带状，带与带相互交叉，呈曲折、分枝等形态。薄片状马氏体的亚结构是孪晶，孪晶宽度随含碳量升高而减小。与片状马氏体的不同之处是，薄片状马氏体无中脊。

（3）ε马氏体。上述各种马氏体都是体心立方或体心正方结构的马氏体（α'），在奥氏体层错能较低的 Fe-Mn-C 或 Fe-Cr-Ni 钢中，可能形成密排六方点阵的ε马氏体，ε马氏体呈极薄的片状，厚度仅为 $100\sim300$ nm，其亚结构是高密度的层错。

4. 几种非正常的淬火组织

（1）不完全淬火组织。亚共析钢在 $A_{c1}\sim A_{c3}$ 之间加热，即不完全奥氏体化，淬火前为 A+F 组织，淬火后奥氏体转变为马氏体，而铁素体没有发生变化。由于淬火组织中有铁素体存在，使钢的强度和硬度降低，但韧性可以得到改善，这种淬火叫亚温淬火。

（2）冷却不足。如果奥氏体化后，冷速小于临界冷却速度，则在马氏体相变前将发生其他转变。例如，45 钢正常奥氏体化后不在水中冷却，而是在油中冷却，将得到的组织是马氏体加部分屈氏体。金相显微镜下，马氏体呈亮白色，屈氏体呈黑色块状分布于晶界处。

（3）过热组织。以 45 钢为例，如果奥氏体化温度过高，奥氏体晶粒粗大，则冷却时得到的显微组织将出现粗大的马氏体组织，并且还含有一定数量的残余奥氏体。

实验设备及材料

（1）实验设备：实验型箱式电阻炉、淬火水槽、试样夹、试样抛光机、金相显微镜。
（2）实验材料：20、45、T8A、W18Cr4V 钢。

实验步骤及方法

（1）分组并按照实验预先要求，写好实验方案，各组按表 1-8 所列钢号选好材料。
（2）参照表 1-8 制定出合理的热处理工艺，并进行热处理实验。
（3）将热处理后的样品制备成金相试样，在放大 500 倍左右的金相显微镜下观察组织。
（4）画出所观察试样的组织形态，并注明组织名称、热处理条件。
（5）对比分析不同热处理条件下组织间的特点及差异。

表 1-8　实验材料、热处理条件及组织

编号	材料	热处理条件	组　织	说　明
1	20	920 ℃水冷	板条状马氏体	正常组织
2	20	990 ℃水冷	板条状马氏体	过热淬火
3	45	860 ℃水冷	细针状马氏体	正常组织
4	45	760 ℃水冷	针状马氏体+部分铁素体	不完全淬火
5	45	860 ℃油冷	针状马氏体+托氏体	冷却速度不足
6	45	1000 ℃水冷	粗针状马氏体+残余奥氏体	过热淬火
7	T8A	780 ℃保温，水冷	细针马氏体	淬火正常组织
8	T8A	1000 ℃保温，水冷	粗大片状马氏体	过热组织
9	W18Cr4V	1280 ℃保温，油冷	隐晶马氏体，碳化物，残余奥氏体	淬火正常组织

实验报告要求

（1）说明钢中马氏体形貌可分哪几种类型。
（2）绘制出所观察到的金相组织图。
（3）分析 45 钢不同热处理工艺条件下，组织形成原因、组织组成及组织特征。

实验 1-10　碳钢的热处理工艺及其显微组织的观察与分析

实验目的

（1）观察和分析碳钢经不同热处理后的显微组织特征；

（2）了解不同热处理工艺对碳钢组织和性能的影响。

实验原理

钢在热处理条件下所得到的组织与钢的平衡组织有很大差别，钢加热到临界点以上即发生奥氏体转变，奥氏体在非常缓慢冷却时才能形成平衡状态的珠光体或珠光体+铁素体（或渗碳体），但大部分热处理工艺，如退火、正火、淬火（回火或时效例外）都是将钢加热到奥氏体状态，然后以各种不同的冷却速度或冷却方式冷却到室温的。退火、正火、淬火的冷却速度不同，会使钢得到不同的组织，其力学性能或物理性能也不同。

由于连续冷却时奥氏体是在一个温度范围内发生转变的，所以得到的组织类型比较复杂，不像等温转变得到的组织单一。因此，本实验主要观察过冷奥氏体在不同等温温度范围内转变产物的组织。根据 C 曲线可知，奥氏体在冷却过程中将得到不同的组织。碳钢经热处理后的组织是：退火、正火后可得到接近平衡的组织，淬火后的组织为不平衡组织。因此，在观察分析热处理后的组织时，不仅要参考铁碳相图，而且要参考 C 曲线。

1. 钢的退火组织

完全退火热处理工艺主要适用于亚共析钢（如 40 钢和 45 钢），经完全退火后钢的组织接近于平衡状态的组织。45 钢的退火组织如图 1-51 所示，为铁素体+珠光体，白色有晶界的颗粒状为铁素体，黑色或层片状的为珠光体。

过共析钢一般采用球化退火热处理工艺，T12 钢经球化退火后的组织如图 1-52 所示，组织中的二次渗碳体和珠光体中的渗碳体都呈球状或粒状（图中均匀分布的细小粒状组织）。

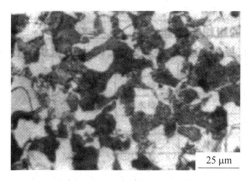
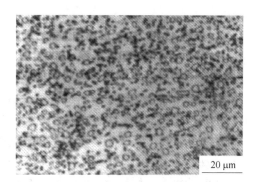

图 1-51　45 钢的退火组织　　　　图 1-52　T12 钢球化退火组织

2. 钢的正火组织

由于正火的冷却速度大于退火的冷却速度，因此，在相同碳含量的情况下，正火后得到的金相组织一般要比退火后的组织细，珠光体的相对含量也比退火组织中的多。45 钢正火后的金相组织如图 1-53 所示。

3. 钢的淬火组织

不同成分的钢在不同的加热、保温和冷却条件下会得到不同的淬火组织，典型的淬火组织有如下几种。

（1）贝氏体组织。贝氏体是在等温淬火条件下得到的淬火组织，根据转变温度的不同，贝氏体分为两种类型：在 $500 \sim 350\ ℃$ 之间的转变产物为上贝氏体；在 $350\ ℃ \sim M_s$ 之间的转变产物为下贝氏体。

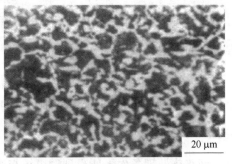

图 1-53　45 钢的正火组织

上贝氏体是由成簇的平行排列的板条状铁素体和沿其边界分布的细条状渗碳体所组成，在光学显微镜下难以分辨上贝氏体中的两相，其形态就像羽毛，所以又称之为羽毛状贝氏体，如图 1-54 所示。

下贝氏体是铁素体呈针片状并互成一定角度，在铁素体的针片上分布着碳化物短针，这些碳化物短针的取向与铁素体片的长轴成 $55° \sim 60°$ 角，在光学显微镜下下贝氏体呈黑色针片状组织，如图 1-55 所示。

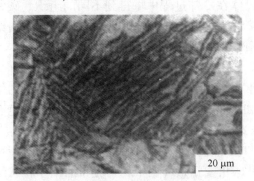

图 1-54　上贝氏体组织

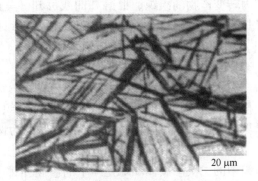

图 1-55　下贝氏体组织

（2）马氏体组织。马氏体是将奥氏体快速冷却（冷却速度大于临界冷却速度 v_c）到 M_s 点以下温度得到的转变产物，常见的马氏体组织主要有两种典型形态：板条状马氏体和片状马氏体。

板条状马氏体是一种低碳马氏体（$w_C < 0.2\%$），显微组织的主要特征是由许多平行排列的板条状组织成排地群集在一起，称为马氏体群或马氏体"领域"。在每个奥氏体晶粒中，可以有好几个不同取向的马氏体群。板条状马氏体的显微组织如图 1-56 所示。

片状马氏体是一种高碳马氏体（$w_C > 0.6\%$），显微组织的主要特征是互成一定角度的针状或竹叶状组织，如果金相磨面恰好与马氏体片平行相切，还可以看到片状形态。片状马氏体的显微组织如图 1-57 所示。

4. 钢淬火后的回火组织

马氏体是过饱和固溶体，是一种亚稳组织，因此，在实际工程中，淬火钢都需要经过回火后才能使用。淬火钢的回火是在 A_1 温度以下重新加热，使淬火组织逐渐向稳定状态转变，转变为铁素体与渗碳体的混合物。淬火钢在不同温度下回火，将得到不同的回火组

图 1-56　20 钢的板条状马氏体组织

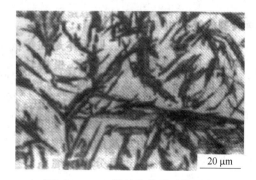

图 1-57　T12 钢的片状马氏体组织

织，典型的回火组织有如下三种：

（1）回火马氏体。淬火马氏体经低温回火（150～250 ℃）后，马氏体内的过饱和碳原子会以高度弥散并与母相保持着共格关系的 ε 碳化物形式析出，这种组织称为回火马氏体。回火马氏体仍保持马氏体的针片状特征，但受浸蚀的程度比马氏体深，故呈暗黑色，如图 1-58 所示。

（2）回火屈氏体。淬火马氏体经中温回火（300～500 ℃）后，形成在铁素体基体上弥散分布着细小渗碳体颗粒的组织，这种组织称为回火屈氏体。回火屈氏体中的铁素体仍然保持原来马氏体的针片状形态特征，其中的渗碳体由于颗粒很小，在光学显微镜下无法分辨，如图 1-59 所示。

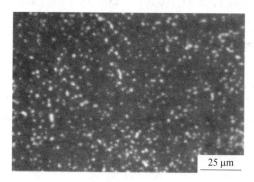

图 1-58　T12 钢 200 ℃回火马氏体

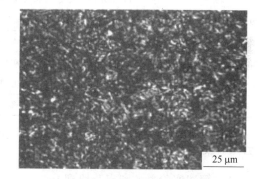

图 1-59　45 钢 400 ℃回火屈氏体

（3）回火索氏体。淬火马氏体经高温回火（500～650 ℃）后，铁素体已经失去了原来马氏体的针片状形态而成等轴状，渗碳体颗粒也发生了聚集长大，形成粗粒状的渗碳体分布在铁素体基体上，这种组织称为回火索氏体，如图 1-60 所示。

实验设备及材料

金相显微镜，经过不同热处理的金相试样，相应的金相图谱，放大的金相照片。

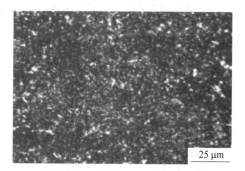

图 1-60　45 钢 600 ℃回火索氏体

实验步骤与方法

（1）领取一套金相试样，在金相显微镜下观察和分析表 1-9 的金相组织。观察时要根据 Fe-Fe$_3$C 相图和钢的 C 曲线来分析确定不同热处理条件下各种组织的形成原因。

（2）对于经过不同热处理后的组织，要采用对比的方式进行分析研究，例如，退火与正火、水淬与油淬、淬火马氏体与回火马氏体等。

（3）画出所观察到的、指定的几种典型显微组织形态特征，并注明组织名称、热处理条件及放大倍数等。

表 1-9　碳钢不同热处理后的典型显微组织特征

序号	材料	热处理工艺	显微组织特征	放大倍数	备　注
1	45 钢	退火，860 ℃炉冷	珠光体+铁素体（亮白色块状）	400×	
2	T12	退火，760 ℃球化	铁素体+球状渗碳体（细粒状）	500×	
3	45 钢	正火，860 ℃空冷	细珠光体+铁素体（块状）	400×	
4	T12	等温淬火，250 ℃	针片状贝氏体+马氏体+残留奥氏体	500×	等温淬火时间不足
5	20 钢	淬火，920 ℃水冷	板条状马氏体	400×	
6	T12	淬火，1000 ℃水冷	粗片状马氏体+残留奥氏体（亮白色）	500×	
7	45 钢	淬火，860 ℃水冷	细针状马氏体	500×	正常淬火
8	45 钢	淬火，760 ℃水冷	针状马氏体+部分铁素体（白色块状）	400×	不完全淬火
9	45 钢	淬火，860 ℃油冷	细针状马氏体+屈氏体（暗黑色块状）	400×	冷却速度不足
10	45 钢	淬火，1000 ℃水冷	粗针状马氏体+残留奥氏体（亮白色）	400×	过热淬火
11	T12	860 ℃水淬，200 ℃回火	细针状回火马氏体（暗黑色针状）	400×	
12	T12	860 ℃水淬，400 ℃回火	针状铁素体+不规则粒状渗碳体	500×	
13	45 钢	860 ℃水淬，600 ℃回火	等轴状铁素体+粒状渗碳体	500×	

实验报告要求

（1）简述实验目的和实验原理。

（2）画出所观察试样的典型显微组织示意图。

（3）运用铁碳相图及相应钢种的 C 曲线，根据具体的热处理工艺分析所得组织及其特征。

实验 1-11 铝合金的固溶淬火与时效

实验目的

（1）掌握固溶淬火及时效处理的基本操作；

（2）了解时效温度和时效时间对时效硬化效果的影响规律；

（3）加深对时效硬化及其机制的理解。

实验原理

从过饱和固溶体中析出第二相（沉淀相）或形成溶质原子聚集区以及亚稳过渡相的过程称为脱溶或沉淀，是一种扩散型相变。具有这种转变的最基本条件是，合金在平衡状态图上有固溶度的变化，并且固溶度随温度降低而减少，如图 1-61 所示。如果将 C_0 成分的合金自单相 α 固溶体状态缓慢冷却到固溶度线（MN）以下温度（如 T_3）保温时，β 相将从 α 相固溶体中脱溶析出，α 相的成分将沿固溶度线变化为平衡浓度 C_1，这种转变可表示为 $\alpha(C_0) \rightarrow \alpha(C_1) + \beta$。$\beta$ 为平衡相，可以是端际固溶体，也可以是中间相，反应产物为（$\alpha+\beta$）双相组织。将这种双相组织加热到固溶度线以上某一温度（如 T_1）保温足够时间，将获得均匀的单相固溶体 α 相，这种处理称为固溶处理。

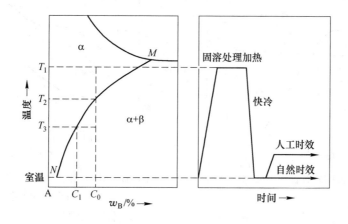

图 1-61 固溶处理与时效处理的工艺过程示意图

若将经过固溶处理后的 C_0 成分合金急冷，抑止 α 相分解，则在室温下获得亚稳的过饱和 α 相固溶体。这种过饱和固溶体在室温或较高温度下等温保持时，亦将发生脱溶，但脱溶相往往不是状态图中的平衡相，而是亚稳相或溶质原子聚集区。这种脱溶可显著提高合金的强度和硬度，称为时效硬（强）化或沉淀硬（强）化。

合金在脱溶过程中，其力学性能、物理性能和化学性能等均随之发生变化，这种现象称为时效。室温下产生的时效称为自然时效，高于室温的时效称为人工时效。

合金经固溶处理并淬火获得亚稳过饱和固溶体，若在足够高的温度下进行时效，最终将沉淀析出平衡脱溶相。但在平衡相出现之前，根据合金成分不同会出现若干个亚稳脱溶相或称为过渡相。以 Al-4%Cu 合金为例，其室温平衡组织为 α 相固溶体和 θ 相（$CuAl_2$）。该合金经固溶处理并淬火冷却获得过饱和 α 相固溶体，加热到 130 ℃进行时效，其脱溶顺序为：G. P. 区→θ″相→θ′相→θ相，即在平衡相（θ）出现之前，有三个过渡脱溶物相继出现。

按时效硬化曲线的形状不同，可分为冷时效和温时效，如图 1-62 所示。冷时效是指在较低温度下进行的时效，其硬度变化曲线的特点是硬度一开始就迅速上升，达到一定值后硬度缓慢上升或者基本上保持不变。冷时效的温度越高，硬度上升就越快，所能达到的硬度也就越高。在 Al 基和 Cu 基合金中，冷时效过程中主要形成 G. P. 区。温时效是指在较高温度下发生的时效，硬度变化规律是：开始有一个停滞阶段，硬度上升极其缓慢，称为孕育期，一般认为这是脱溶相形核准备阶段，接着硬度迅速上升，达到一极大值后又随时间延长而下降。温时效过程中将析出过渡相和平衡相。温时效的温度越高，硬度上升就越快，达到最大值的时间就越短，但所能达到的最大硬度值反而就越低。冷时效与温时效的温度界限视合金而异，Al 合金一般在 100 ℃左右。

冷时效与温时效往往是交织在一起的。图 1-63 示出了不同成分的 Al-Cu 合金在 130 ℃时效时硬度与脱溶相的变化规律。由图可见，Al-Cu 合金的时效硬化依靠 G. P. 区和 θ″相的强化效果最大，当出现 θ′相以后合金的硬度下降。

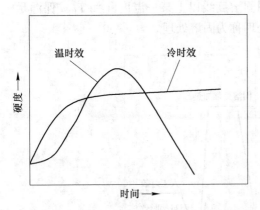

图 1-62　冷时效和温时效过程硬度变化示意图

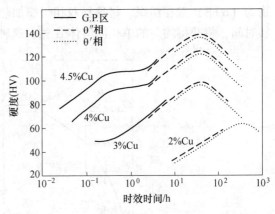

图 1-63　Al-Cu 合金在 130 ℃时效时的硬度和
析出相的关系

时效温度是过饱和固溶体脱溶速度的重要影响因素。时效温度越高，原子活性就越强，脱溶速度也就越快。但是随着时效温度升高，化学自由能差减小，同时固溶体的过饱和度也减小，这些又使脱溶速度降低，甚至不再脱溶。因此，可以用提高温度的方法来加快时效过程，缩短时效时间。例如，将 Al-4%Cu-2%Mg 合金的时效温度从 200 ℃提高到 220 ℃，时效时间可以从 4 h 缩短为 1 h。但时效温度又不能任意提高，否则强化效果将会减弱。

在一定温度下，随时效时间延长，合金强度、硬度逐渐增高。至一定时间，其强度、硬度达到最大值（峰值）。时效时间再延长则其强度、硬度反而下降，此即所谓"过时效"（图 1-63）。如果固定时效时间而改变时效温度，则随时效温度的升高，强度、硬度逐渐升高而达峰值，温度再提高，则也发生"过时效"。综合比较温度和时间对硬度、强度的影响则可发现，温度越高，达到峰值所需时间越短，且其峰值也越低。

实验设备及材料

（1）坩埚电阻炉：内置不锈钢盐浴槽，作试样的加热淬火用。加热介质为硝酸盐或亚硝酸盐的混合物，成分为 50%KNO$_3$+50%NaNO$_3$。

（2）控温装置：用可控硅温度控制器控制炉膛温度，盐浴温度用数字式温度显示仪或电位差计测量。

（3）淬火水槽：用于淬火冷却。

（4）恒温箱：用于人工时效处理。

（5）布氏硬度计：测定淬火及时效合金硬度。

（6）读数显微镜：测定压痕直径。

（7）实验材料：2024 铝合金试样。

实验步骤与方法

（1）每班分成五个小组，每组分别领取一套样品（12 块），做好标记。

（2）将试样用砂纸或预磨机磨掉车痕，以达平整、光洁，然后用铁丝绑好。

（3）将绑好的试样放在盐浴槽中加热。加热温度为 500 ℃±3 ℃，保温约 10~15 min，保温结束后快速淬入水槽中。

（4）每组取一个试样立即测定淬火后的硬度。

（5）每组的其他试样立即进入恒温箱进行时效处理（除室温自然时效组外）。时效温度分别为室温、130 ℃、160 ℃、190 ℃和 220 ℃，每组取一个温度进行时效，各时效温度下的时效时间见表 1-10。

（6）将各时效温度时效不同时间后的试样立即水冷，用细砂纸磨去氧化皮后测定硬度，取三点进行测定（最好选中心部位），两相邻压痕中心距离不小于压痕直径的 4 倍，压痕中心与试样边缘的距离应不小于压痕直径的 2.5 倍。查布氏硬度对照表，将所查出的三点硬度均值填入表 1-10（建议试样测定布氏硬度 HB 值的参数选定为负荷 250 kgf（1 kgf=9.8 N），钢球 ϕ5 mm，负荷保持时间 30 s）。

实验注意事项

（1）不要将带有水的试样和钳子放入盐浴槽，以防爆炸、烫伤。

（2）每次取、放试样时，宜轻拿轻放，防止乱样及烫伤。

（3）每次实验完成后切断电源，以防设备事故。

实验报告要求

（1）将本组所得硬度数据绘成硬度-时效时间关系曲线，并将其他各组（即不同时效温度）所得数据绘在同一硬度-时效时间关系曲线上。

（2）分析比较所得时效硬化曲线的异同，并根据时效强化机制解释曲线的变化规律。

表 1-10　时效温度-时间-硬度（HB）值

HB　温度　时间	室温	130 ℃	160 ℃	190 ℃	220 ℃
淬火态	(1)	(1)	(1)	(1)	(1)
20 min					(2)
30 min			(2)	(2)	
40 min					(3)
1 h		(2)	(3)	(3)	(4)
1.5 h				(4)	(5)
2 h		(3)	(4)	(5)	(6)
2.5 h					(7)
3 h		(4)	(5)	(6)	(8)
4 h	(2)	(5)	(6)	(7)	(9)
5 h		(6)	(7)	(8)	(10)
6 h		(7)	(8)	(9)	(11)
8 h	(3)	(8)	(9)	(10)	(12)
10 h		(9)	(10)	(11)	
12 h	(4)		(11)	(12)	
14 h		(10)	(12)		
18 h		(11)			
20 h	(5)	(12)			
24 h					
28 h	(6)				
36 h	(7)				
48 h	(8)				
60 h	(9)				
72 h	(10)				
84 h	(11)				
96 h	(12)				

注：1. 各温度下标有数字的栏所对应的时间即为所采用的时效时间。

    2. 自然时效共 96 h（具体时间安排由指导老师与同学商定）。

2 金属成形原理与工艺实验

2.1 凝固成形实验

实验 2-1 变形铝合金的熔炼与铸造

实验目的

（1）掌握铝合金熔炼与铸造工艺的基本操作和方法；

（2）熟悉铝合金的配料比和计算方法。

实验原理

铝合金的熔炼和铸造是铝材塑性成形过程中首要的、必不可少的组成部分。它不仅给塑性成形加工生产提供所必需的铸锭，而且铸锭质量在很大程度上影响着成形过程的工艺性能和产品质量。铝合金熔铸的主要任务就是提供符合塑性成形要求的优质铸锭。

1. 合金元素在铝中的溶解

合金添加元素在熔融铝中的溶解是合金化的重要过程。元素的溶解与其性质有着密切的关系，受添加元素固态结构结合力的破坏和原子在铝液中的扩散速度控制。元素在铝液中的溶解作用可用合金元素与铝的合金系相图来确定，通常与铝形成易熔共晶的元素易溶解；与铝形成包晶转变的，特别是熔点相差很大的元素难以溶解。如 Al-Mg、Al-Zn、Al-Cu、Al-Li 等为共晶型合金系，其熔点也比较接近，合金元素较容易溶解，在熔炼过程可直接添加到铝熔体中；Al-Si、Al-Fe、Al-Be 等合金系虽也存在共晶反应，由于熔点相差很大，溶解得很慢，需要较大的过热才能完全溶解；Al-Ti、Al-Zr、Al-Nb 等具有包晶型相图，都属难熔金属元素，在铝中的溶解很困难，为了使其在铝中尽快溶解，必须以中间合金或合金添加剂的形式加入。

2. 铝合金熔体的净化

（1）熔体净化的目的。铝合金在熔炼过程中，熔体中存在气体、各种夹杂物及其他金属杂质等，往往使铸锭产生气泡、气孔、夹杂、疏松、裂纹等缺陷，对铸锭的加工性能及制品强度、塑性、抗蚀性、阳极氧化性和外观品质有显著影响。熔体净化就是利用物理化学原理和相应的工艺措施，除去液态金属中的气体、夹杂和有害元素，以便获得纯净金属熔体的工艺方法。根据合金的品种和用途不同，对熔体纯净度的要求有一定的差异，通常从氧含量、非金属夹杂和钠含量等几个方面来控制。

（2）熔体净化方法。熔体净化方法包括传统的炉内精炼和后来发展的炉外净化。铝合金熔体净化方法按其作用原理可分为吸附净化和非吸附净化两种基本类型。吸附净化是指通过铝熔体直接与吸附体（如各种气体、液体、固体精炼剂及过滤介质）相接触，使吸附剂与熔体中的气体和固体氧化夹杂物发生物理化学的、物理的或机械的作用，达到除气、除杂的目的。属于吸附净化的方法有吹气法、过滤法、熔剂法等。非吸附净化是指不依靠向熔体中加吸附剂，而是通过某种物理作用（如真空、超声波、密度差等），改变金属-气体系统或金属-夹杂物系统的平衡状态，从而使气体和固体夹杂物从铝熔体中分离出来。属于非吸附净化的方法有静置处理、真空处理、超声波处理等。

3. 铝合金铸坯成形

铸坯成形是将金属液铸成形状、尺寸、成分和质量符合要求的锭坯。一般而言，铸锭应满足下列要求：

（1）铸锭形状和尺寸必须符合塑性加工的要求，以避免增加工艺废品和边角废料；

（2）坯料内不应该有气孔、缩孔、夹渣、裂纹及明显偏析等缺陷，表面光滑平整；

（3）坯锭的化学成分符合要求，结晶组织基本均匀。

铸锭成形方法目前广泛应用的有块式铁模铸锭法、直接水冷半连续铸锭法和连续铸轧法等。

实验设备及材料

1. 熔炼炉及准备

（1）铝合金熔炼可在电阻炉、感应炉、油炉、燃气炉中进行，易偏析的中间合金在感应炉熔炼为好，而易氧化的合金在电阻炉中熔化为宜，本实验采用井式坩埚电阻炉。

（2）铝合金熔炼一般采用铸铁坩埚、石墨黏土坩埚、石墨坩埚，也可采用铸钢坩埚。本实验采用石墨坩埚。

（3）新坩埚使用前应清理干净及仔细检查有无穿透性缺陷，坩埚要烘干、烘透才能使用。

（4）浇铸铁模及熔炼工具使用前必须除尽残余金属及氧化皮等污物，经过 $200 \sim 300\ ℃$ 预热并涂以防护涂料。涂料一般采用氧化锌和水或水玻璃调合。

（5）涂完涂料的模具及熔炼工具使用前再经 $200 \sim 300\ ℃$ 预热烘干。

2. 实验材料

（1）配制铝合金的原材料见表 2-1。

表 2-1　配制铝合金的原材料

材料名称	材料牌号	用　　途
铝锭	Al99.7	配制铝合金
镁锭	Mg99.80	配制铝合金
锌锭	Zn-2	配制铝合金
电解铜	Cu-1	配制铝铜中间合金
金属铬	JCr1	配制铝铬中间合金
电解金属锰	DJMn99.7	配制铝锰中间合金

（2）配制铝铜、铝锰、铝铬中间合金时，先将铝锭熔化并过热，再加入合金元素，实验中主要采用的中间合金见表 2-2。

表 2-2   实验所采用的中间合金

中间合金名称	组元成分范围/%	熔点/℃	特性
铝铜中间合金锭	48~52 Cu	575~600	脆
铝锰中间合金锭	9~11 Mn	780~800	不脆
铝铬中间合金锭	2~4 Cr	750~820	不脆

3. 熔剂及配比

铝合金常用熔剂包括覆盖剂、精炼剂和打渣剂，主要由碱金属或碱土金属的氯盐和氟盐组成。本实验采用 50% NaCl+40% KCl+6% Na_3AlF_6+4% CaF_2 混合物覆盖，用六氯乙烷（C_2Cl_6）除气精炼。

4. 合金的配料

配料包括确定计算成分，炉料的计算是决定产品质量和成本的主要环节。配料的首要任务是根据熔炼合金的化学成分，加工和使用性能确定其计算成分，其次是根据原材料情况及化学成分，合理选择配料比。最后根据铸锭规格尺寸和熔炉容量，按照一定程序正确计算出每炉的全部料量。

配料计算：根据材料的加工和使用性能的要求，确定各种炉料品种及配比。

（1）熔炼合金时首先要按照该合金的化学成分进行配料计算，一般采用国标的算术平均值。

（2）对于易氧化、易挥发的元素，如 Mg、Zn 等，一般取国标的上限或偏上限计算成分。

（3）在保证材料性能的前提下，参考铸锭及加工工艺条件，应合理充分利用旧料。

（4）确定烧损率。合金易氧化、易挥发的元素在配料计算时要考虑烧损。

（5）为了防止铸锭开裂，硅和铁的含量有一定的比例关系，必须严格控制。

（6）根据熔体和模具的尺寸要求计算配料的质量。

根据实验的具体情况，配置两种高强高韧铝合金：

2024 铝合金：Cu 3.8%~4.9%，Mg 1.2%~1.8%，Mn 0.3%~0.9%，余 Al。

7075 铝合金：Zn 5.1%~6.1%，Mg 2.1%~2.9%，Cu 1.2%~2.0%，Cr 0.18%~0.28%，余 Al。

在实验中，根据实验要求具体情况来配比，如熔铸 2024 铝合金（Al-4.4% Cu-1.5%Mg-0.6%Mn），根据模具大小合金需要 1000 g。配料计算如下：

Cu 的质量：1000 g×4.4%＝44 g，铜的烧损量可以忽略不计，采用 Al-50%Cu 中间合金加入，那么需 Al-50%Cu 中间合金：44÷50%＝88 g。

Mg 的质量：1000 g×1.5%＝15 g，镁的烧损按 3% 计算，那么需 Mg 的总质量：15×（1+3%）＝15.6 g。

Mn 的质量：1000 g×0.6%＝6 g，锰的烧损量可以忽略不计，采用 Al-10% Mn 中间合金加入，那么需 Al-10% Mn 中间合金：6÷10%＝60 g。

Al 的质量：1000 g×93.5%－（44+54）＝837 g。

实验步骤与方法

1. 熔铸工艺流程

原材料准备→预热坩埚至发红→加入纯铝和少量覆盖剂→升温至 750~760 ℃待纯铝全部熔化→加中间合金→加覆盖剂→熔毕后充分搅拌→扒渣→加镁→加覆盖剂→精炼除气→扒渣→静置→扒渣→出炉→浇铸。

2. 熔铸方法

（1）熔炼时，熔剂需均匀撒入，待纯铝全部熔化后再加入中间合金和其他金属，压入熔体内，不准露出液面。

（2）炉料熔化过程中，不得搅拌金属。熔料全部熔化后可以充分搅拌，使成分均匀。

（3）铝合金熔液温度控制在 720~760 ℃。

（4）炉料全部熔化后，在熔炼温度范围内扒渣，扒渣尽量彻底干净，少带金属。

（5）镁的加入应在出炉前或精炼前，以确保合金成分。

（6）熔剂要保持干燥，钟罩要事先预热，然后放入熔液内，缓慢移动，进行精炼，精炼要保证一定时间，彻底除气除杂。

（7）精炼后要撒熔剂覆盖，然后静置一定时间，扒渣，出炉浇铸。浇铸时流速要平稳，不要断流，注意补缩。

3. 实验组织和程序

每班分成 6~8 组，每组 4~5 人，任选 2024 或 7075 铝合金进行实验。每小组参照上述配料计算方法和熔铸工艺流程，领取相应的原材料进行实验，熔铸出合格的铝合金铸锭。

实验报告要求

（1）简述铝合金熔铸基本操作过程。

（2）分析讨论铝合金熔炼过程中除气除杂的作用及注意事项。

实验 2-2 铸造铝硅合金的变质处理与晶粒细化

实验目的

（1）熟悉 Al-Si 合金的熔炼、精炼、细化和变质处理过程；

（2）了解 Al-Si 合金细化和变质处理的基本原理和方法；

（3）了解变质剂和细化剂对 Al-Si 合金组织的影响。

实验原理

1. 铝硅合金的变质处理

铝硅合金中，Si 相在自然生长条件下会长成块状或片状（针状）的脆性相，严重地割裂基体，降低合金的强度和塑性，因而需要将它改变成有利的形态。变质处理使共晶硅由粗大的片状变成细小纤维状或层片状，从而改善合金性能。变质处理一般在精炼之后进行，变质剂的熔点应介于变质温度和浇铸温度之间。变质处理时变质剂处于液态，有利于变质反应的完成；而在浇铸时已变为松散的熔渣，便于扒渣，不致形成熔剂夹杂。

金属钠（Na）对 Al-Si 共晶合金的共晶组织有很好的变质作用，但是 Na 变质存在 Na 极易烧损，变质有效时间短，吸收率低，并且含量很难预测，钠盐变质剂中的 F^- 和 Cl^- 腐蚀铁质坩埚及熔炼工具，使铝液渗铁，导致合金铁质污染，同时在坩埚壁上形成一层牢固的结合炉瘤，浇铸后很难清除，挥发性卤盐会腐蚀设备等问题。

近年来发现，碱金属中的 K、Na，碱土金属中的 Ca、Sr，稀土元素 La、Ce 和混合稀土，氮族元素 Sb、Bi，氧族元素 S、Te 等均具有变质作用。其中 Na、Sr 的效果最佳，可获得完全均匀的纤维状共晶硅。

目前 Sr 变质引起国内外研究人员和生产人员的普遍重视，逐渐取代了 Na 在变质剂中的地位，并已在工业上获得应用。因为 Sr 变质不仅与 Na 变质有同等效果，而且具有某些更为重要的优点：变质处理时氧化少，易于加入和控制，过变质问题不明显，Sr 的沸点达 1380 ℃，不易烧损和挥发，变质的有效时间长，处理方便，无蒸气析出；变质剂易于保存；处理后对铸件壁厚敏感性小。Sr 变质的缺点是，Sr 中存在 SrH，除氢不易，并且容易产生铸型反应，常在铸件中形成针孔。

2. 铝硅合金的细化处理

铝硅合金细化处理的目的主要是细化合金基体 α-Al 的晶粒。晶粒细化是通过控制晶粒的形核和长大来实现的。细化处理的最基本原理是促进形核，抑制长大。对晶粒细化剂的基本要求是：

（1）含有稳定的异质固相形核颗粒，不易溶解；

（2）异质形核颗粒与固相 α-Al 间存在良好的晶格匹配关系；

（3）异质形核颗粒应非常细小，并在铝熔体中呈高度弥散分布；

（4）加入的细化剂不能带入任何影响铝合金性能的有害元素或杂质。

晶粒细化剂的加入一般采用中间合金的方式。常用晶粒细化剂有以下几种类型：二元 Al-Ti 合金，三元 Al-Ti-B 合金和 Al-Ti-C 合金，以及含稀土的中间合金。它们是工业上广泛应用的最经济、最有效的铝合金晶粒细化剂。这些合金加入铝熔体中时，会与 Al 发生化学反应，生成 $TiAl_3$、TiB_2、TiC、B_4C 等金属间化合物。这些化合物相在铝熔体中以高度弥散分布的细小异质固相颗粒存在，可以作为 α-Al 形核的核心，从而增加反应界面和晶核数量、减小晶体生长的线速度，起到晶粒细化的作用。

　　晶粒细化剂的加入量与合金种类、化学成分、加入方法、熔炼温度以及浇铸时间等有关。若加入量过大，则形成的异质形核颗粒会逐渐聚集，由于其密度比铝熔体大，因此会聚集在熔池底部，丧失晶粒细化能力，产生细化效果衰退现象。

　　晶粒细化剂加入合金熔体后要经历孕育期和衰退期两个时期。在孕育期内中间合金完成熔化过程并使起细化作用的异质形核颗粒均匀分布并与合金熔体充分润湿，逐渐达到最佳的细化效果。此后，由于异质形核颗粒的溶解而使细化效果下降；同时异质固相颗粒会逐渐聚集而沉积在熔池底部，出现细化效果衰退现象。当细化效果达到最佳值时进行浇铸是最为理想的。随合金的熔炼温度和加入的细化剂种类的不同，达到最佳细化效果所需的时间也有所不同，通常存在一个可接受的保温时间范围。

　　合金的浇铸温度也会影响最终的细化效果。在较小的过热度下浇铸可以获得良好的细化效果；随着过热的增大，细化效果将下降。通常存在一个临界温度，低于该温度时温度变化对细化效果的影响并不明显，而高于此温度时，随着浇铸温度的升高，细化效果会迅速下降。该临界温度同合金的化学成分和细化剂的种类以及加入量有关。

实验设备及材料

　　井式坩埚电阻炉、石墨坩埚、钟罩、Al-7%Si 合金、Al-5%Ti-1%B 中间合金、Al-10%Sr 中间合金、C_2Cl_6、金相试样预磨机和抛光机、HF、王水、砂纸等。

实验步骤与方法

　　（1）在经预热发红的两个石墨坩埚中分别加入 1000 g 的 Al-7%Si 合金原料，升温至 720 ℃，熔化后保温 1 h 以促进成分的均匀化；所有参加实验的学生在实验教师指导下在熔融 Al-7%Si 合金中加入 0.6%的 C_2Cl_6 进行精炼除气。

　　（2）对精炼除气处理后的 Al-7%Si 合金取样浇铸一组试样。

　　（3）向一个石墨坩埚中加入 0.03%的 Ti（以 Al-5%Ti-1%B 中间合金形式加入）进行晶粒细化处理。处理方法是，将按比例称量好的中间合金用纯铝箔包好后用钟罩压入熔体中。

　　（4）向另外一个石墨坩埚中加入 0.03%的 Sr（以 Al-10%Sr 中间合金形式加入）进行变质处理。处理方法是，将按比例称量好的 Al-10%Sr 中间合金用钟罩压入熔体中。

　　（5）以 4~6 人为一组，每隔 30 min 以组为单位浇铸试样。应保证经细化处理和变质处理的试样分别最少浇铸 4 组。

　　（6）各组对浇铸出的试样进行切割、粗磨、细磨、抛光、腐蚀处理，然后在光学金相显微镜下观察，评价合金的细化和变质效果。

实验报告要求

　　（1）简述实验目的、实验内容与实验原理和步骤。

　　（2）评价 Al-7%Si 合金的变质和细化效果，并分析影响合金变质和细化效果的主要因素。

实验 2-3　金属熔炼炉前检测及铸造性能测试

实验目的

（1）在真实工程条件下，完成混砂、造型、熔炼、炉前检测及合金铸造性能实验（流动性能和热应力）等操作；

（2）学习实际生产技术及实验，增加对铸造生产各工序特点及相互间联系的理解。

实验原理

本实验是一个比金工实习内容更广泛、更深入、更具有工程技术性的综合实验，让学生在真实的工程条件下，自己完成混砂、造型、合箱、压重、配料、称料、熔炼、炉前检测、铸造性能测试、炉前处理及浇铸等实际操作，实际上它包括了铸造生产的主要内容，既包含了生产企业技术工人应当做的工作，也包含着工程技术人员应当做的工作，因而是对金工实习的重要补充。

1. 出炉温度与浇铸温度

出炉温度与浇铸温度是炉前检测的重要内容之一。检测铁液温度的方法有非接触测温和接触式测温两大类。非接触测温常采用的检测仪器有：光学高温计、全辐射高温计、光电高温计、比色高温计、红外高温计和光导高温计。接触式测温多采用热电偶配二次显示仪表进行测温。因热电偶高温计具有测量准确、可靠、简便和易于维修等特点，冲天炉铁液温度检测多采用此种方法。光学高温计在现场应用虽有测量精度差的弱点，但应用历史较长而且使用方便，因此，在生产中还在应用。热电偶测温的工作原理如图 2-1 所示。

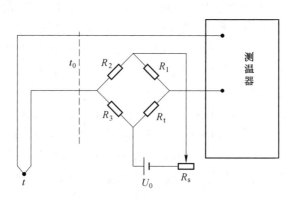

图 2-1　热电偶测定温度原理

当热电偶的测温端置于测温介质中，热电偶的热端与冷端的温差使之产生电动势 $E_t(t, t_0)$ 即塞贝克效应，而该电动势只反映冷热两端温差并不是热端实际温度，因此采用带有电敏电阻的不平衡电桥输出一个 0 ℃到 t_0 的温度电动势，加上 $E_t(t, t_0)$，于是 $E_t(t, 0) = E_t(t, t_0) + E_t(t_0, 0)$。将此电动势送入温度测量仪表中指示实际温度，或将毫伏值通过分度表换算成温度。

除温度测试外，炉前快速检测内容多，新的测试方法也不少，常见的有炉前快速金相检验、炉前化学成分快速分析（如光电直读光谱分析）等。本实验采用开炉前三角试样球化效果判断法，它不需要专门的设备和仪器，是一种定性的经验判断法，但因其简单易行、效果明显，在工厂得到广泛应用，其实验原理可简单归纳为：由于球墨铸铁的体积收缩率大，又呈粥状凝固，容易形成缩松；石墨呈孤立球状分布与金属基体连成一体，故可看作有孔洞的钢，其三角试样断口会出现明显收缩，两侧出现缩凹，中心出现疏松，敲击有钢声等，并可由此定性判断球化效果。

2. 熔融金属的流动性能

流动性是铸造合金最主要的铸造性能之一，其影响因素众多：如金属及合金自身的特性、出炉温度、浇铸温度、铸型种类、铸件结构复杂程度、浇铸系统设计等。为使其具有可比性，实际中常浇铸流动性试样，并按浇出的试样尺寸评价流动性的好坏。

流动性试样按照试样的形状可分为：螺旋试样、U形试样、棒状试样、楔形试样、球形试样等；按照铸型材料可分为：砂型和金属型。螺旋试样法应用比较普遍，其特点是接近生产条件，操作简便，测量的数值明显。

测试铸造非铁合金的流动性方法很多，按试样的形状可以分为：螺旋试样、水平直棒试样、楔形试样和球形试样等。前两种是等截面试样，以合金液的流动长度表示其流动性；后两种是等体积试样，以合金液未充满的长度或面积表示其流动性。在对比某种合金和经常生产的合金的流动性时，应该明确规定测试条件，采取同样的浇铸温度（或同样的过热度）和同样的铸型，否则对比就没有意义。

测定铸造非铁合金的流动性时，最常采用的是螺旋试样法。此法可分为标准法和简易法。螺旋试样的基本组成包括：外浇道、直浇道、内浇道和使合金液沿水平方向流动的具有梯形断面的螺旋线形沟槽。合金的流动性是以其充满螺旋形测量流槽的长度（cm）来确定的。图2-2为同心单螺旋线法测定试样形状和尺寸，此法定为标准法。标准法采用同心单螺旋流动性测试装置，铸型的合型图见图2-3；简易法采用单螺旋流动性测试装置（试样形状及尺寸见图2-2），铸型的合型图见图2-4。试样铸型的基本结构包括外浇道、直浇道和使合金液沿水平方向流动的具有倒梯形断面的螺旋线形沟槽。沟槽中有一个凹点，用以直接读出螺旋线的长度。

通常，试样采取湿型浇铸，铸型为水平组合型，标准法以每次测试的三个同心螺旋线长度的算术平均值为测试结果；简易法以三次同种合金相同浇铸温度下的单螺旋长度的算术平均值为测试结果。还需说明，当试样产生缩孔、夹渣、气孔、砂孔、浇不到等明显铸造缺陷时，当试样由于浇铸"跑火"引起严重飞边时，当试样表面粗糙度不合格时，其测试结果应视为无效。采用螺旋试样法的优点是：试样型腔较长，而其轮廓尺寸较小，烘干时不易变形，浇铸时易保持水平位置。缺点是合金液的流动条件和温度条件随时在改变，影响其测试的准确度。

水平直棒试样法是测试铸造非铁合金流动性的另一种常用方法，其铸型结构见图2-5，一般多采用金属型。实验时将合金液浇入铸型中并测量合金液流程的长度。采用此法时，合金流动方向不变，故流动阻力影响较小。但采用砂型时，型腔很长，要保持在很长的长度上断面面积不变并在浇铸时处于完全水平状态是有困难的；如采用金属型，其型温难以控制，故灵敏度较低。

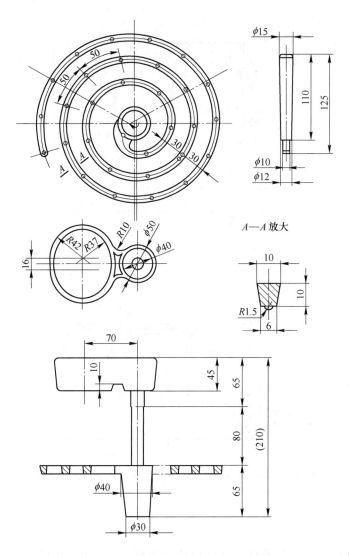

图 2-2 单螺旋流动性试样形状及尺寸

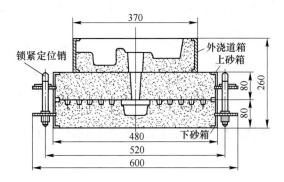

图 2-3 标准法测试合金流动性的铸型合型图

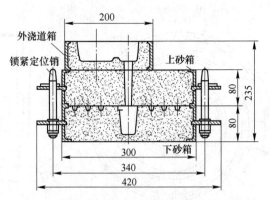

图 2-4　简易法测试合金流动性的铸型合型图

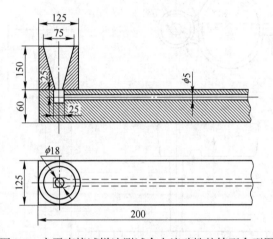

图 2-5　水平直棒试样法测试合金流动性的铸型合型图

实验设备及材料

（1）造型制芯用：铸件模样、螺旋形流动试样、浇铸系统模样、冒口模样、砂箱、模板、芯盒、造型工具、隔离砂、三角试样模型、螺旋试样模型。

（2）混砂用：SHN 型辗轮式混砂机（容量 0.1 m³）、石英砂、膨润土、铸造用煤粉、其他添加剂、水、筛。

（3）配料用：小台秤、天平、药物天平、生铁、废钢、球化剂（RE-Mg-Si-Fe）、其他铁合金（Cr-Fe、Si-Fe、Mn-Fe）、辅料（石棉布、珍珠岩粉等）。

（4）熔炼用：100 kW 中频感应电炉一台（套）、容量为 10 kg 的坩埚、容量为 10 kg 的手端包、防护用品。

（5）炉前检测用：便携式热电偶测温仪、夹钳、铁锤、盛有水的铁制水桶（或水泥水池）、卷尺。

实验内容

本实验所含内容较多，但多属于工艺操作，主要包括流动性实验、温度测定实验及三角试样球化效果判断实验，其目的分别是判断球墨铸铁液的流动性、出炉温度、浇铸温度及球化效果。

实验步骤与方法

1. 合金流动性的测定实验（同心单螺旋线试样）

（1）用碾砂机混制好型砂、造型、合箱。

（2）熔炼铸造合金至预定温度、经必要的炉前处理。

（3）浇铸前用浇口塞堵住直浇口。

（4）当浇口杯达到指定温度时（300～500 ℃，由实验老师指定）拔出浇口塞、让合金液充填砂型，同时记录浇铸温度。

（5）当合金完全凝固并冷却到试样发黑（650 ℃）后打箱，测量螺旋线长度。

2. 合金液温度的检测实验（热电偶高温计）

（1）按合金液的出炉、浇铸温度（表2-3）选择适当的热电偶材料。

表2-3 热电偶材料主要技术性能

名　称	分度号	$t=0\sim100$ ℃时热电势/mV	使用温度/℃ 长期	使用温度/℃ 短期	允许误差	特　点
铂铑10-铂	S	0.643	1300	1600	$t>600$ ℃ $\pm0.4t\%$	稳定性、复现性能好，易受碳、氢、硫、硅及其化合物侵蚀
铂铑20-铂铑8	B	0.034	1600	1800	$t>600$ ℃ $\pm0.5t\%$	精度高、稳定、复现性、抗氧化性好、测温上限高
钨镍-钨镍20	WL	1.359	2000	2400	$t>300$ ℃ $\pm1t\%$	价格低、适于点测，需在真空、惰性或弱还原性气氛中使用

（2）热电偶测温时需用补偿导线把自由端移动到离热源较远处，且环境温度比较稳定的地方。补偿导线的色别及热电特性见表2-4。

表2-4 补偿导线的色别及热电特性

分度号	配用热电偶	线芯材料 正极	线芯材料 负极	包线绝缘颜色 正极	包线绝缘颜色 负极	$t=0\sim100$ ℃时热电势/mV
S	铂铑-铂	铜	铜镍	红	绿	0.643±0.023
WL		铜	铜1.7～1.8镍	红	蓝	1.337±0.045
B		铜	铜			

（3）选用相匹配的显示仪表。热电偶测温有间断测温和连续测温两种方法。目前采用快速微型热电偶法，但需要与之相匹配的显示仪表（可按表2-5选用）。

表 2-5　常用于铁液测温的显示仪器

名　称	型　号	全量程时间 /s	分度号	测量范围 /℃	基本误差 /%	用　途
便携式高温毫伏计	EFZ-020	<7	S	0~1600	±1	间断测温和不需记录的连续测温
	EFZ-030					
	EFZ-050		B	0~1800		
便携式交直两用自动平衡记录仪	XWX-104	<1	S	0~1600	±0.5	间断测温和连续测温多量程仪表
	XWX-204		B	0~1800		
大型长图自动平衡记录仪	YWC-100	2.5或5	S	0~1600	±0.5	间断测温和连续测温
	YWC-DO/AB	1	B	0~1800		
大型长图自动平衡记录仪	XWC-200/A	<1	S	0~1600	±0.5	间断测温和连续测温同时使用
			B	0~1800		
中型长图自动平衡记录仪	XWF-100	5	S	0~1600	±0.5	连续测温
	XW2H-100		B	0~1800		
大型四图自动平衡记录仪	XWB-100	<5	S	0~1600	±0.5	连续测温
			B	0~1800		
中型长图自动平衡记录仪	XWC-100	<5	S	0~1600	±0.5	连续测温
			B	0~1800		
大型四图自动平衡记录仪	XWY-02	<1	S	0~1600	±0.5	间断测温和连续测温
	EWY-704		B	0~1800		
数字直读温度电位计	PY	—	S	0~1600	±0.3	间断测温和连续测温
	PY$_S$		B	0~1800		

（4）测温方法。测量铁液出炉温度时，测量点在铁槽中距出铁口 200 mm 处。热电偶头逆铁液流方向全部浸入铁液流。在铁液包中测量时扒开渣层，迅速插入铁液中。操作应在 4~6 s 内完成，最多不得超过 10 s。用便携式测温仪可直接读出温度值，应立即记录。

3. 三角试样炉前球化效果的判断实验

（1）用三角试样模样在松砂床上造型。

（2）炉前球化、孕育处理后，浇铸三角试样砂型。

（3）待全部凝固后取出，冷至暗红色（约 650 ℃）后将试样夹住，底部向下淬入水中冷却至试样表面可挂住水（低于 100 ℃）。

（4）敲断三角试样、观察断口。

（5）按表 2-6 的方法定性判断球化效果。

表 2-6　炉前三角试样球化判断法

项　目	球化良好	球化不良
外形	试样边缘呈较大圆角	试样棱角清晰

项 目	球化良好	球化不良
表面缩陷	浇铸位置上表面及侧面明显缩陷	无缺陷
断口形态	断口细密如绒或银白色细密断口	断口暗灰色晶粒或银白色分布细小墨点
疏松	断口中心有疏松	无疏松
白口	断口尖角白口清晰	完全无白口，且断口暗灰
敲击声	清脆金属声，音频较高	低哑如击水声
气味	遇水有类似 H_2S 气味	遇水无臭味

实验报告要求

（1）同组实验结果应当一致，但实验报告不能抄袭，一旦发现，抄与被抄者均会受罚。

（2）各组的实验结果会因生产条件不同有差异，在填写实验报告时应注明生产情况，尤其是异常情况。

实验 2-4   铝合金的压铸及其显微组织观察

实验目的

（1）熟悉铝合金的压铸工艺；

（2）熟悉 DM300 卧式冷室压铸机的构造及用途；

（3）掌握 DM300 卧式冷室压铸机压铸铝合金的流程；

（4）初步掌握 DM300 卧式冷室压铸机的操作方法及规范。

实验原理

1. DM300 卧式冷室压铸机工作原理

DM300 卧式冷室压铸机（见图 2-6）的压射冲头、模具的开合均沿水平方向移动。压铸机的工艺流程如下：开机→压铸模具安装→压铸机调试→模具预热、喷涂料→合模→金属液浇铸→压射、保压→冷却→开模、顶出铸件。

压射过程作为压铸工艺中最重要的流程，主要包括以下三个阶段：第一阶段为慢速压射动作。开始压射时，系统液压油通过油路集成板进入压射通道，从而推动压射活塞向左运动，实现慢速压射。第二阶段为快速压射动作。当压射冲头超过浇料口后，储能器控制阀打开，液压油进入压射通道，液压油油量快速增大，实现快速压射。第三阶段为增压压射。金属液填充到模具型腔，当合金液开始凝固时，压射冲头阻力增大，这时蓄能器控制阀打开，推动增压活塞及活塞杆快速左移。当活塞杆和浮动活塞内外锥面接合时，形成封闭腔，获得增压效果。

2. DM300 卧式冷室压铸机的构造及用途

DM300 卧式冷室压铸机的构造如图 2-6 所示，主要由柱架、机架、合模机构、压射机构、液压传动系统、电气控制系统、冷却系统、安全防护系统组成。合模机构由开合模液压缸、锁模柱架、顶出机构、调模机构组成，主要用于实现合开模动作、锁紧模具、顶出产品。压射机构主要由压射冲头、压射液压缸、快压射蓄能器组件、增压蓄能器组件组成，主要作用是按规定速度将金属液压填充入模具型腔，并保持一定的压力直至金属液凝

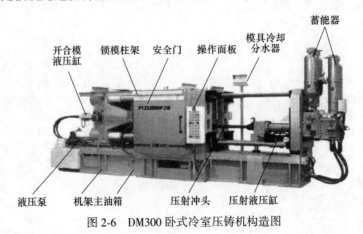

图 2-6   DM300 卧式冷室压铸机构造图

固成压铸件为止。液压传动系统主要由主油箱、液压泵、油道管路、控制阀等组成，为压铸机的运行提供动力和能量，从而实现各种动作。电气控制系统由电箱、操作面板、电动机、控制系统及电路组成，用于控制压铸机按预定压力、速度、温度和时间，实现各种动作。冷却系统由冷却水管路及观察窗组成，用于对模具进行降温。安全防护系统由安全门、急停按钮组成，主要作用是确保生产时操作人员的安全。

DM300 卧式冷室压铸机的主要技术参数如表 2-7 所列。

表 2-7 DM300 卧式冷室压铸机主要技术参数

技术参数	数　值	技术参数	数　值
锁模力/kN	3000	顶出力/kN	150
锁模行程/mm	460	顶出行程/mm	110
可容模具厚度/mm	250~700	系统工作压力/MPa	16
射料力/kN	320	压射头直径/mm	50、60、70
射料行程/mm	410	压射位置/mm	0、−125
外形尺寸（长×宽×高）/mm×mm×mm	6200×1720×2750	射料量/kg	1.5、2.1、2.9

3. 铝合金压铸工艺参数

压铸工艺本身具有高温、高压、高速的特点，通过对压铸工艺参数的探索获得表观质量、力学性能及经济性俱佳的压铸产品十分重要。压铸工艺的主要参数包括压铸压力和压铸速度。

压射力和压射比压是表示压铸压力的两种主要形式。其中，压射力 = 液压系统的管路工作压力×压射缸活塞的横截面面积。压射力的大小又因压铸机的规格不同而异。压射比压是压室内金属液单位面积上所受的压力，与压射力成正比，与压射冲头的横截面面积成反比。实际压铸时的压射比压并不是一个常数，而是随压射行程的变化而改变，被分为四个阶段，即慢速封口阶段、填充阶段、增压阶段、保压阶段。对应于以上四个阶段，金属液分别经历流经浇铸口、填充进模具型腔、停止流动、最终压力下凝固成形四个状态。

在压铸工艺中，压铸速度通常用两种速度来衡量，即压射速度和填充速度。压射速度是指压射冲头运行的速度；填充速度是指在压力作用下，金属液进入模具的线速度。而速度是与压铸压力相关的，比如压射比压越大，填充速度越高；此外，压铸速度还受材料特性影响。因此，在选择适当压铸压力的同时，还须正确选择速度，否则无法获得合格的压铸件。

4. 压铸铝合金种类介绍

铝合金具有密度低、高比强度、比刚度、塑性变形能力好、热处理性能好等特性，具有很好的耐腐蚀性。一般铸造工艺制备的铝合金因体积收缩率较大而容易形成缩孔，而压铸工艺可以有效地避免上述问题。常用的压铸铝合金以 Al-Si 合金为主，压铸铝合金的成分见表 2-8。

表 2-8　压铸铝合金成分

合金牌号	合金代号	化学成分的质量分数/%											
		主要成分					杂质含量≤							
		Si	Cu	Mg	Mn	Al	Fe	Cu	Mg	Zn	Mn	Sn	Pb	总和
YZAlSi12	YL102	10.0~13.0				其余	1.2	0.6	0.05	0.3	0.6			2.3
YZAlSi10Mg	YL104	8.0~10.5		0.17~0.30	0.2~0.5	其余	1.0	0.3		0.3		0.01	0.05	1.5
YZAlSi12Cu2	YL108	11.0~13.0	1.0~2.0	0.4~1.0	0.3~0.9	其余	1.0			1.0		0.01	0.05	2.0
YZAlSi9Cu4	YL112	7.5~9.5	3.0~4.0			其余	1.2		0.3	1.2	0.5	0.1	0.1	1.0
YZAlSi11Cu3	YL113	9.6~12.0	4.0~5.0	0.45~0.65		其余	1.2		0.3	1.0	0.5	0.1	0.1	
YZAlSi17Cu5Mg	YL117	16.0~18.0	4.0~5.0	0.45~0.65		其余	1.2			1.2	0.5			
YZAlMg5Si	YL303	0.8~1.3		4.5~5.5	0.1~0.3	其余	1.2	0.1		0.2				1.4

实验设备及材料

（1）实验设备：DM300 卧式冷室压铸机、压铸给汤机、压铸模具、金相抛光机、金相显微镜。

（2）实验材料：Al-Si 合金、金相砂纸、腐蚀剂、抛光膏（剂）、抛光布、酒精。

实验方法和步骤

1. 利用 DM300 卧式冷室压铸机进行铝合金压铸操作讲解与示范

由指导老师进行铝合金压铸操作讲解与示范。铝合金的加热熔化在井式电阻炉中进行，由于铝合金液体对于钢制坩埚具有一定的腐蚀性，而压铸铝合金对于铁杂质的含量很敏感，因此，铝合金的熔化在石墨坩埚内进行，然后利用五连杆自动给汤机进行喂料、压铸及取料。DM300 卧式冷室压铸机的具体操作规程如下：

（1）开机前的工作。检查安全门是否灵活，工作是否正常；检查急停按钮是否正常工作，油压系统、安全压力、各种功能参数的设定是否符合工作要求；检查蓄能器连接紧固件是否松动；检查导轨是否清洁。

（2）开机。打开主电箱，将所有开关打开，使急停开关复位，电源指示灯亮起。

（3）启动。液压油泵先是降压启动，约 5 s 后油泵启动指示灯亮。

（4）安装模具。安装模具前，先测量模具的浇口尺寸，选择匹配的压射室，并在头板上安装垫套，清理头板法兰孔，开模到开模终止位置，关泵停机，使用悬臂吊安装压铸模具，将安全门关闭到位，顶针、压射冲头退回到位；设定锁模运动压力，按住锁模按钮进行锁模，使定模和动模相合，安装模具冷却水管并检查是否漏水。

（5）调模运动。设置限位开关分别控制模薄、模厚两个极限位置；将调模开关打开，操作箱上设定调模薄/厚压力值，按住调模薄/厚按钮，使机器朝模薄/厚方向运动，调模完成，关闭调模开关。

（6）模具预热、喷涂。将压铸模具进行预热，预热温度范围在 240~290 ℃，喷涂脱模剂，喷涂时采取点喷，喷涂角度与模面垂直，保证涂层厚度的均匀性。

（7）金属液浇铸。合模、锁模后，用自动给汤机或手动操作向压铸机浇铸金属液。

浇铸过程中，注意防溅射烫伤。

（8）压射。保压关闭安全门到位后，设定压射压力和流量值，压射冲头按预定速度和压力压射金属液进入模腔，完成增压、保压。

（9）冷却。取件待金属液冷却凝固后，打开模具，压铸件、浇口和余料饼留在动模上，通过顶出机构顶出压铸件，取件完成压铸过程。

2. 操作 DM300 卧式冷室压铸机进行铝合金的压铸

由于铝合金的压铸试验具有一定的危险性，因此，不建议由学生直接操作，而是由专职的实验教师进行操作。

3. 铝合金金相显微组织观察

完成压铸铝合金的制备后，利用金相显微技术观察压铸铝合金的显微组织。一般压铸铝合金的腐蚀剂选用 0.5%HF 水溶液。

实验报告要求

（1）铝合金的压铸工艺及要点。

（2）压铸工艺参数对铝合金压铸质量影响的记录与分析。

（3）压铸工艺参数对铝合金显微组织的影响规律。

（4）写出实验后的心得体会与建议。

实验2-5　压铸模的结构分析与拆装

实验目的

（1）了解压铸模具的结构、组成及各部分的作用；

（2）了解压铸模具分型面的确定和抽芯机构的设计方法；

（3）掌握正确拆装压铸模具的基本要领和方法。

实验原理

压铸模具主要用于液态金属压铸成形，通常由定模和动模两部分组成。压铸模具的基本结构（图2-7）如下：

（1）成形系统。决定压铸件几何形状和尺寸精度的零件。形成压铸件外表面的称为型腔；形成压铸件内表面的称为型芯，见图2-7中的定模镶块13、动模镶块22、型芯15、活动型芯14。

（2）浇铸系统。连接压室与模具型腔，引导金属液进入型腔的通道，由直浇道、横浇道、内浇道组成，图2-7中浇道套19、导流块21组成直浇道，横浇道与内浇道开设在动、定模镶块上。

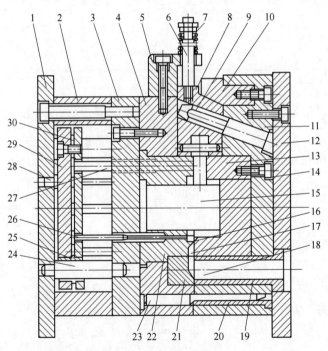

图2-7　压铸模的基本结构

1—动模座板；2—垫块；3—支撑板；4—动模套板；5—限位块；6—螺杆；7—弹簧；

8—滑块；9—斜销；10—楔紧块；11—定模套板；12—定模座板；13—定模镶块；14—活动型芯；

15—型芯；16—内浇道；17—横浇道；18—直浇道；19—浇道套；20—导套；21—导流块；

22—动模镶块；23—导柱；24—推板导柱；25—推板导套；26—推杆；27—复位杆；

28—限位钉；29—推板；30—推杆固定板

（3）溢流、排气系统。排除压室、浇道和型腔中的气体，储存前流冷金属液和涂料残渣的处所，包括溢流槽和排气槽，一般开设在成形零件上。

（4）模架。将压铸模各部分按一定规律和位置加以组合和固定，组成完整的压铸模具，并使压铸模能够安装到压铸机上进行工作的构架。通常可分为三个部分：

1）支撑与固定零件包括各类套板、座板、支撑板、垫块等起到装配、定位、安装作用的零件，见图2-7中的动模座板1、垫块2、支撑板3、动模套板4、定模套板11、定模座板12。

2）导向零件是确保动、定模在安装和合模时精确定位，防止动、定模错位的零件，见图2-7中的导柱23、导套20。

3）推出机构是压铸件成形后动、定模分开，将压铸件从压铸模中脱出的机构，见图2-7中的推杆26、复位杆27、推板29、推杆固定板30、推板导柱24、推板导套25等。

（5）抽芯机构。抽动与开合模方向运动不一致的活动型芯的机构，合模时完成插芯动作，在压铸件推出前完成抽芯动作，见图2-7中的限位块5、螺杆6、弹簧7、滑块8、斜销9、楔紧块10、活动型芯14等。

（6）加热与冷却系统。为了平衡模具温度，使模具在合适的温度下工作，压铸模上常设有加热与冷却系统。

（7）其他如紧固用的螺栓及定位用的销钉等。

实验仪器设备与材料

（1）压铸模具。
（2）手锤、铜棒、内六角扳手、活动扳手及螺丝刀、销钉冲、镊子等五金工具。
（3）游标卡尺、金属直尺、角尺等测量工具。

实验方法和步骤

（1）在教师的指导下，了解压铸模类型和总体结构。
（2）拟订拆装方案，并进行拆卸模具。
（3）对照实物画出模具装配图（草图），标出各个零件的名称。
（4）分析各个零件的作用和结构特点、设计中应特别考虑的问题。
（5）画出工作零件的零件图。
（6）观察完毕将模具各部分擦拭干净、涂上机油，按正确装配顺序装配模具。
（7）检查装配正确与否，整理清点拆装用工具。

实验报告要求

（1）按比例绘出所拆装的压铸模结构图并标出模具各个零件的名称。
（2）简述你所拆装的压铸模的工作原理及各零件的作用。
（3）简述你所拆装的压铸模的拆装过程及有关注意事项。

2.2　塑性成形实验

实验 2-6　金属室温压缩的塑性及其流动规律

实验目的

（1）掌握常用液压机进行金属室温体压缩的实验技能；

（2）分析室温体压缩时金属塑性及其流动规律。

实验原理

利用液压压力机，以简单加载的方式，完成高塑性金属材料的室温体压缩实验。这种物理模拟实验方法，能够验证金属塑性流动的宏观规律（最小阻力定律）以及接触面上的外摩擦对塑性流动的影响。

金属的塑性是金属在外力作用下发生永久变形而又不破坏其完整性的能力。金属的塑性加工是以塑性为前提，在外力作用下进行的。金属塑性的大小，以金属塑性变形完整性被破坏之前的最大变形程度表示。这种变形程度数据称为"塑性指标"或称为"塑性极限"。但是，目前还没有某种实验方法能测量出可表示所有塑性加工条件下共用的塑性指标。

金属材料室温压缩实验法，也就是在简单加载条件下，将试样进行压缩变形，其压缩前后的试样如图 2-8 所示。

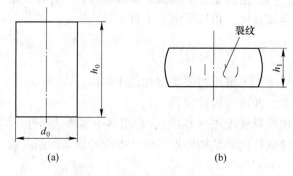

图 2-8　圆柱压缩前后的试样

（a）原始试样；（b）出现裂纹后的试样

用压缩实验法测定的塑性压缩率（ε），其数值由下式确定：

$$\varepsilon = \frac{h_0 - h_1}{h_0} \times 100\% \tag{2-1}$$

式中　h_0——试样原始高度，mm；

　　　h_1——试样压缩至侧面目测观察出现裂纹时的高度，mm。

按塑性压缩率（ε）的数据，材料可进行如下分类：$\varepsilon \geqslant 60\%$，为高塑性材料；$\varepsilon = 40\% \sim 60\%$，为中等塑性材料；$\varepsilon = 20\% \sim 40\%$，为低塑性材料。

金属塑性加工时，质点的流动规律可以应用最小阻力定律分析。最小阻力定律可表述为：变形过程中，物体各质点将向着阻力最小的方向移动，即做最少的功，走最短的路。最小阻力定律实际上是力学质点流动的普遍原理，它可以定性地用来分析金属质点的流动方向。它把外界条件和金属流动直接联系起来，很直观并且使用方便。

当接触表面存在摩擦时，矩形断面的试样在体压缩时的流动模型如图 2-9 所示。因为接触面上质点向周边流动的阻力与质点与周边的距离成正比，所以与周边的距离愈近，阻力愈小，金属质点必然沿这个方向流动，这个方向恰好是周边的最短法线方向。因此，可用点划线将矩形分成 2 个三角形和 2 个梯形，形成了 4 个流动区域。点划线是流动的分界线，线上各点至周边的距离相等，各个区域内的质点到各自边界的法线距离最短。这样流动的结果，矩形断面将变成双点划线所示的多边形。继续压缩，断面的周边将趋于椭圆。此后，各质点将沿着半径方向流动。由于相同面积的任何形状总是圆形周边最短，因而最小阻力定律在压缩中也称为最小周边法则。

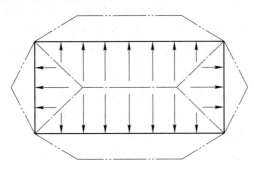

图 2-9 最小周边法则

实验设备及材料

（1）实验设备：液压压力机。

（2）模具：压缩实验模具。

（3）试样：低碳方钢、硬铝合金圆柱。

（4）润滑剂、清洗剂、测量工具。

实验步骤

（1）分组领取试样，讨论并制定压缩实验方案。

（2）压缩前，测量并记录试样的几何尺寸。

（3）添加润滑剂，开动液压机，做好安全防护后，按确认方案完成压缩。

（4）测量压缩后的试样几何尺寸，并记录压缩实验数据和结果。

实验报告要求

（1）简述实验目的、内容、原理及试样材料、状态与润滑条件。

（2）记录压缩实验数据并计算压缩率，分析体压缩时金属塑性及其流动的影响规律。

（3）分析压缩实验时试样侧面产生裂纹的原因。

实验 2-7　轧制时金属的不均匀变形及其残余应力宏观分析

实验目的

（1）了解和观察轧制过程中轧件出现的不均匀变形现象；

（2）分析产生不均匀变形结果的原因；

（3）掌握减少不均匀变形的措施和实验方法。

实验原理

均匀变形是物体变形的最简单形式，实际上，实现均匀变形应满足以下一些条件：变形物体物理状态均匀且各向同性；整个物体瞬间承受同等变形量；接触表面没有外摩擦等。严格说来，这是难以完全实现的。

在金属塑性加工时，变形的不均匀性为客观存在。许多实验结果已经证明，金属在轧制过程中的变形通常是不均匀的。引起不均匀变形的主要因素有：接触表面摩擦力作用、不均匀压下及同一断面上轧件与轧辊接触的非同时性（孔型轧制）、坯料厚度不均、原始轧辊的凸度、轧辊接触状态、坯料温度不均、组织不均等。

轧制时的不均匀变形对轧制产品的尺寸、形状、内部质量、表面状态、成材率、后续深加工产品的质量和深加工的顺利进行以及轧辊磨损等都有着重要的影响。对板带轧制而言，不均匀变形主要指对板形的影响，即是指浪形、瓢曲、翘曲、折皱或旁弯等板形缺陷的程度，其实质是指材料内部残余应力分布状况，也就是轧件在宽度方向变形的均匀程度。在板坯厚度均匀的条件下，它决定于伸长率沿宽度方向是否相等，若边部伸长率大于中部，则产生双边浪；若中部伸长率大，则产生中浪或瓢曲；若一边伸长率比另一边大，则产生单边浪或"镰刀弯"。板形不良对轧制操作也有很大影响。板形严重不良会导致勒辊、轧卡、断辊、撕裂等事故的出现，使轧制操作无法正常进行。

实验设备及材料

（1）实验设备：实验型二辊轧机、卡尺、直尺、剪刀。

（2）实验材料：铅板和铝条。

实验方法和步骤

（1）将 5 mm×10 mm×100 mm 的铅料按照一定的轧制规程轧制成 0.8～1 mm 厚的铅板。

（2）轧好的铅板，用剪刀裁剪成长度均为 70 mm，宽度分别为 38 mm、48 mm 和 54 mm 的铅板。

（3）将 3 块铅板沿长度方向折叠为宽度均为 30 mm 的试件，如图 2-10 所示。

（4）另剪一条 38 mm×70 mm 的铅板，包在一条 10 mm×80 mm 的铝条外，如图 2-11 所示。

（5）调整轧机辊缝为 0.4 mm。

（6）启动轧机，用木块将图 2-10 中试件依次推入轧制。

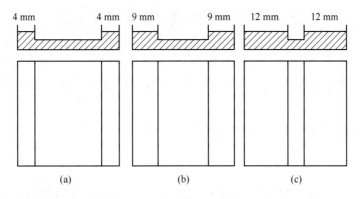

图 2-10　铅板试样

（a）宽度 38 mm 铅板折叠；（b）宽度 48 mm 铅板折叠；（c）宽度 54 mm 铅板折叠

（7）调整轧机辊缝为 0.6 mm，将图 2-11 所示试件进行轧制。

图 2-11　铅板包铝条试件

实验报告要求

（1）阐述实验目的、试件制备及实验方法。

（2）描绘图 2-10 中试件变形后的形状，将轧制变形后的试件（图 2-11）剥铅皮，描述铅和铝板的形状。

（3）分析讨论试件受到的附加应力情况。

实验 2-8　最大咬入角及摩擦系数的测定

实验目的

（1）通过实验了解各种摩擦条件对咬入角的影响，确定开始最大咬入角 α_{max} 和稳定轧制时最大咬入角 α'_{max}；

（2）求出一般摩擦和润滑摩擦轧制条件下摩擦系数。

实验原理

在轧制工艺中，轧制过程能否开始进行的第一个关键环节是轧件的咬入。对不同尺寸的材料，制定不同的工艺参数和轧制条件，以便生产合格的产品。所以讨论咬入条件，并用实验验证咬入过程的影响因素，分析这些影响因素的作用和机理是材料加工工作人员必须解决的问题。

咬入角可以用式（2-2）计算：

$$\cos\alpha = 1 - \frac{H-h}{D} = 1 - \frac{\Delta h}{D} \tag{2-2}$$

式中　α——咬入角，（°）；

　　　H——轧件轧前厚度，mm；

　　　h——轧件轧后厚度，mm；

　　　D——轧辊直径，mm；

　　　Δh——压下量，mm。

如图 2-12 所示，轧件所受到的正压力、摩擦力和轧辊运动产生的附加作用力的合力 R 方向与正压力 P 之间的夹角 $\beta \geq \alpha$，才可以满足咬入条件。

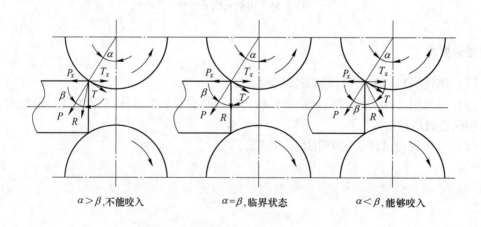

$\alpha > \beta$,不能咬入　　　　$\alpha = \beta$,临界状态　　　　$\alpha < \beta$,能够咬入

图 2-12　辊缝和轧件尺寸共同决定的咬入条件

实验设备及材料

（1）设备：小型二辊轧机。

（2）工具：游标卡尺、外卡钳、锉刀。

（3）试样：浇铸成楔形的铅试样，如图 2-13 所示。

（4）辅助材料：润滑油、棉纱、汽油、滑石粉。

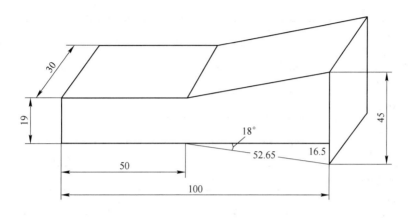

图 2-13 铅试样尺寸示意图

实验步骤与方法

（1）将浇铸好的铅试样（见图 2-13）端部，用锉刀修正平直，再用游标卡尺测量其原始厚度 H，取三次测量平均值，记入表 2-9 中。

（2）根据摩擦条件的不同，可采用轧辊在一般状态和涂润滑油润滑状态，测量开始咬入的最大角 α_{max} 及确定各条件对 α_{max} 的影响。

（3）实验时，首先熟悉轧机的操作规程，然后再动手操作。

（4）先做一般状态实验，后做涂润滑油润滑状态的实验。

（5）具体操作：先将轧辊用蘸有汽油的棉纱擦洗干净，再用滑石粉擦一遍辊面，然后将辊缝调整到 2 mm 左右，把铅试样放在进料台上，开动轧机，用木棍将试样慢慢推向轧辊，此时不能咬入，将轧辊抬高，直到轧辊将轧件咬入为止。咬入后，试件厚度随轧件前进而不断地增加，当增加到一定厚度时轧件被卡在轧辊之间，发生打滑现象，此时立即停机，抬高轧辊，取出轧件，测量轧后的尺寸：h、H_1、D。

（6）然后在轧辊上涂少许润滑油，重复上述操作。结束后将所测量数据填入表 2-9。

（7）按公式求出 α'_{max}，$\alpha'_{max} = \arccos\left(1 - \dfrac{\Delta h}{D}\right)$。

（8）求出各轧制条件下的摩擦系数：$f = \tan\beta$。

实验报告要求

（1）将实验数据记入表 2-9。

（2）结合实验数据，分析讨论摩擦条件对咬入角的影响。

（3）分析 α_{max} 与 α'_{max} 之间的关系。

表 2-9 实验数据记录表

试样号	1	2
材质		
实验条件		
H/mm		
h/mm		
$\Delta h/\text{mm}$		
$\cos\alpha_{max}$		
α_{max}		
H_1/mm		
$\Delta h_1/\text{mm}$		
$\cos\alpha'_{max}$		
α'_{max}		

实验 2-9　铝合金板材的轧制

实验目的

（1）了解轧机的组成和结构；

（2）了解轧机的工作原理；

（3）掌握不同温度下铝合金板材的轧制步骤。

实验原理

轧制是将金属坯料通过两个转动的轧辊，受连续轧制力的作用，使材料厚度减小，长度增加的压力加工方法，其产品称为轧材。轧制具有生产效率高、金属消耗少、加工容易、生产成本低等优点，因此适合大批量生产。通过轧制工艺可以生产板材、型材和棒材，但板材应用最广泛。轧制能够细化晶粒和消除微观组织缺陷，提高材料的致密度并最终提高强度，特别是沿轧制方向上提高强度；还可同时提高塑性和韧性，具有较好的综合力学性能。同时，轧制技术也是一种非常重要的材料加工手段。除此之外，在温度和压力作用下，气孔、裂纹和空洞能够被缝合。

在室温下，铝合金板材硬度较高，不容易变形，所需轧制力较大，因此不容易轧制；随着温度的升高，铝合金硬度降低，轧制时变形抗力较小，容易轧制。因此，本实验中选择不同的温度进行轧制。

轧制后的铝合金板材由于存在应力，轧制完成之后，须进行去应力退火。

实验设备与材料

（1）设备：小型二辊轧机。

（2）工具：游标卡尺、直尺、剪刀。

（3）试样：6063 铝合金板材（15~20 mm 厚）。

（4）辅助材料：润滑油、棉纱、汽油。

实验方法和步骤

（1）表面处理：利用机械抛光法去除铝合金板表面的尘埃、氧化皮等杂物。

（2）轧前加热：在轧制之前首先在加热炉内对铝合金板材进行轧前的预热处理 15 min。

（3）打开轧机开关，调整好轧辊转速、轧制压下量等轧制参数。

（4）将加热后的铝合金板材送入二辊轧机。轧制完成后，切断电源。

（5）轧后热处理：在轧制后对铝合金板进行去应力退火。

实验报告要求

（1）简述轧机的各部分组成。

（2）对比轧制前后铝合金板材的尺寸变化，并附图。

实验 2-10 挤压变形力变化规律与金属流动

实验目的

（1）掌握挤压时研究金属流动的网格法；

（2）观测各种工艺因素对金属流动与挤压力的影响。

实验原理

锭坯在挤压过程中，金属质点的流动与所需挤压力（F_{max}）受许多工艺因素的影响，最重要的有：挤压方法、锭坯长度、定径带长度、变形程度、变形速度、变形温度、表面摩擦状态以及金属品种等。当各种挤压工艺条件使锭坯处于最佳流动状态时，不仅金属流动与变形比较均匀，制品组织、性能较均匀，而且挤压力也较小。

实验设备及材料

（1）设备：60 kN 万能材料试验机。

（2）工具：挤压工具一套、游标卡尺和钢尺各一把、锯弓一把、锯片一条、砂纸和颜料若干。

（3）锭坯：ϕ31.5 mm×75 mm 组合式铅锭 6 只。

（4）润滑剂：蓖麻油、肥皂水、机油、滑石粉、清洗锭坯和工具用汽油。

（5）坐标纸一张、秒表一块。

实验步骤

1. 实验分组

实验分成 6 个小组，各小组实验内容分别为：

（1）不同的挤压方法：当其他条件一定时，采用正挤压与反挤压两种方法。

（2）不同的锭坯长度：当其他条件一定时，采用不同长度的锭坯。

（3）不同定径带长度：当其他条件一定时，使用定径带长度不同的几个模子。

（4）不同的变形程度：当其他条件一定时，采用几种不同的挤压比。

（5）不同的挤压速度：当其他条件一定时，采用不同的几种挤压速度。

（6）不同的润滑条件：当其他条件一定时，采用几种不同的表面摩擦状态。

2. 锭坯准备

（1）擦拭干净组合锭坯的组合面。

（2）取其中平整光滑的一块，画出中心线（纵向），然后画出正方形网格。

（3）用汽油轻轻擦拭干净网格组合面上的油污，然后涂上色彩，描出网格，干燥后待用。

3. 挤压实验

（1）从锭坯开始受力时起控制挤压行程 35 mm，第二组则控制压余长 30 mm。

（2）做好实验记录。

实验报告要求

（1）描绘试件的压余组合面上的网格图，并比较本组实验条件下的金属流动情况。

（2）描绘坐标纸上的几条曲线，分析这些曲线不能重合的原因，即分析本组的某工艺条件改变对挤压力大小的影响。

（3）将记录及计算的实验数据填入表2-10。

（4）列出其他五组的实验结果并简述规律性。

表 2-10　实验数据表

锭坯尺寸 $D \times L$/mm×mm			
挤压筒直径 D_0/mm			
挤压比 λ			
总行程/mm			
总时间/s			
挤压速度/mm·s^{-1}			
润滑条件			
挤压方法			
模孔尺寸	d/mm		
	L/mm		
死区高度 h_s/mm			
力/kg	F_{max}		
	F_{min}		
摩擦应力	τ_1/MPa		
	τ_2/MPa		
流动类型			

实验 2-11　拉拔的安全系数及拉伸力的测量

实验目的

（1）通过测定拉伸时的安全系数 K 值来了解求安全系数的方法；

（2）掌握线材拉伸的基本操作方法。

实验原理

进行拉伸配模设计时，应考虑以下三点：

（1）拉伸力不能超过设备能力。

（2）充分利用金属塑性，即减小拉伸道次。

（3）出口处拉伸应力 σ_z 应比实验材料的屈服强度 σ_s（抗拉强度 σ_b）小，即不断头。

拉伸时，被拉出模孔的线材内存在的拉伸应力 σ_z（N/mm²）为

$$\sigma_z = \frac{F_1}{A_1} \tag{2-3}$$

式中　F_1——稳定拉伸时的拉伸力，N；

A_1——拉伸后材料截面积，mm²。

而且应保证：

$$\sigma_z < \sigma_s \quad 或 \quad \frac{\sigma_s}{\sigma_z} > 1 \tag{2-4}$$

否则，拉伸后的材料会因"过拉"而出现细颈继而断头，因此可用安全系数 K 表示此比值：

$$K = \frac{\sigma_s}{\sigma_z} > 1 \quad 或 \quad K = \frac{\sigma_b}{\sigma_z} > 1 \tag{2-5}$$

K 的实际取值分别见表 2-11 和表 2-12。

表 2-11　铜及铜合金拉伸安全系数 K 取值范围

产品品种类型		K
黄铜管	HSn70-1	1.10~1.35
	HAl77-2	1.10~1.25
	H68	1.10~1.55
	H62	1.25~1.55
白铜管		1.15~1.40

表 2-12　铝及铝合金拉伸安全系数 K 取值范围

产品品种类型		K
管材		1.4~1.5
线材	$\phi16.00~4.50$	1.3~2.0
	$\phi4.49~1.00$	1.4~2.1

续表 2-12

产品品种类型		K
线材	$\phi 0.99 \sim 0.40$	$1.6 \sim 2.4$
	$\phi 0.39 \sim 0.10$	$1.8 \sim 2.7$

一般 K 的取值为 1.40~2.00，即拉伸应力 σ_z 应控制在（0.7~0.5）σ_b，既可充分利用金属塑性，又可减少断头。实践表明，当 $K<1.4$ 时不安全，易断头；当 $K>2.0$ 时过于安全，未能充分利用金属的塑性，道次增多。具体实验内容见表 2-13。

表 2-13 实验内容

拉伸条件	实验分组					
	一	二	三	四	五	六
拉伸速度 /mm·min^{-1}	60	88	60	88	60	88
润滑条件	肥皂水				蓖麻油	
实验材料	铜		铝		铝	

实验设备及材料

（1）设备：LJ500 拉力试验机。
（2）工具：拉伸模架一只、拉伸模一套、千分卡尺一把、秒表一只、钢丝一把。
（3）坯料：$\phi 3.0$ mm 铝线坯（M 态）、$\phi 3.0$ mm 铜线坯（M 态）。
（4）润滑剂：蓖麻油、肥皂水。

实验步骤

1. 拉伸实验
（1）测量坯料直径：取三次测量的平均值 D_0。
（2）装模架：固定上机头后装拉伸模架，将浸有规定润滑油的料头插入模孔内以保证模润滑，将其放到模架上，注意对中，松开上机头，快速提升下机头，用下钳口钳住坯料末端。
（3）规定速度拉伸，记录稳定时的拉伸力 F_1，应注意模子喇叭口内的油量，并观察即将全部拉出模孔时的拉伸力变化情况。
（4）待试样全部拉伸后，停机，取出线材。
（5）测量线材直径（取平均值）D_1。
（6）按实验步骤（1）~（5）将各坯料分别拉过各模至某一较小的模子拉伸时断头为止。
（7）取下模架，换上机头的钳口。

2. 拉力实验
（1）将拉伸后的线材依次剪去夹头和不规则尾部，进行拉力实验，至拉断为止，记

录此时的拉断值 F_b。

（2）测量缩颈处的线材直径 D_s，填入表 2-14。

（3）按表 2-14 计算 σ_z、σ_b 和安全系数 K。

实验报告要求

（1）按表 2-14 形式计算整理实验数据。

（2）确定拉伸配模设计中安全系数的校核。

表 2-14   实验记录表

	序 号					
拉伸实验部分	拉伸前线坯尺寸	D_0/mm				
		A_0/mm^2				
	拉伸后线材尺寸	D_1/mm				
		A_1/mm^2				
	道次延伸系数 λ_n					
	拉伸力 F_1/N					
	拉伸应力 σ_z/MPa					
拉力实验部分	拉断后尺寸	D_s/mm				
		A_s/mm				
	拉断力 F_b/N					
	拉伸强度 σ_b/MPa					
结论部分	安全系数 K					
	拉伸配模采用的 λ					

注：1. $\lambda_n = \dfrac{A_0}{A_1}$，$\sigma_z = \dfrac{F_1}{A_1}$，$\sigma_b = \dfrac{F_b}{A_s}$，$K = \dfrac{\sigma_b}{\sigma_z}$。

2. $K = 1.4 \sim 2.0$。

实验 2-12 模锻实验

实验目的

（1）了解坯料尺寸对模膛充满的影响；

（2）了解飞边槽的作用；

（3）分析金属的流动情况。

实验原理

模锻是将常温或热态的坯料放入模膛中进行塑性成形的一种锻造方法。模锻一般都是在锻压设备上进行的。大多数金属材料常温下具有良好的强度、硬度和抗变形能力。因此，锻造前坯料常要加热到一定的温度，使其强度、硬度和抗变形能力降低，塑性提高，以便金属在模膛中流动成形。

模锻与自由锻造相比有以下特点：

（1）模锻时，锻件的形状与尺寸大小主要由模具的模膛所决定。要求在模具的模膛设计过程中，充分考虑到各种工艺因素，使锻件得到需要的形状和尺寸。

（2）金属在模膛里流动成形的过程中，金属的流动路径最短和最合理。因此，锻件成形速度快，功效高。

（3）由于有模膛的约束，锻件的形状和尺寸容易控制，所以操作简便，生产效率高，适合批量锻件生产。

（4）经过模锻的锻件，金属纤维组织完整流畅，金相组织致密，锻件形状和尺寸精度大幅提高。

（5）模锻件机械加工余量少，尤其是近年来的精密模锻，使锻造材料利用率大幅提高，并大幅减少后续工序的机械加工工时。

（6）高温锻造时，坯料在模膛中锻打，金属表面很少暴露在空气中，因此，锻坯表面氧化少，锻件表面氧化皮深度浅，锻件表面质量好。

（7）锻坯在模膛中处于挤压状态，在较大变形量时也很少有开裂现象，尤其适合于低塑性材料锻造。

（8）锻件在模膛中变形是整体变形，变形抗力大，加上模具本身的质量，使锻压设备的能量消耗增大。

（9）在模锻中，除了胎模锻可以在自由锻锤上锻造以外，几乎所有的模锻都要依赖于专用锻压设备。

实验工具

（1）锻模模具一套、加热套一副。

（2）6061 铝合金若干。

（3）锤子、内六角扳手、活动扳手等。

实验内容

（1）把模具安装到液压机上。

（2）对模具进行加热，模具预热温度为 300 ℃。

（3）把不同尺寸的坯料放入加热炉中加热。

实验步骤

（1）在教师指导下，首先初步了解液压机的结构和工作原理。

（2）安装锻模，了解各个零件的结构和作用。

（3）检测模具加热温度。

（4）将铝合金坯料放入炉中加热到 460 ℃，保温 10 min。

（5）开动液压机，提升凸模，将脱模剂均匀涂在凹凸模上，将加热好的坯料放入凹模，随后液压机带动凸模下降，将坯料压入凹模中。

（6）取出坯料，分析充满率。

（7）重复上面的循环。

实验报告要求

（1）绘制模具图。

（2）测量压制出各个零件的尺寸。

（3）计算充填率。

实验 2-13　拉 深 实 验

实验目的

（1）从拉深毛坯网格的变化来了解金属在拉深时的变形流动情况；

（2）测定不同道次的拉深系数以及冲压力；

（3）了解拉深后拉深件各个区域的厚度变化。

实验原理

把一定直径的圆形金属薄板，通过 4 副模具（落料拉深复合模、二次拉深模、三次拉深模以及旋切模），冲出直径为 50 mm，高度为 90 mm 的杯形件。

1. 拉深系数的定义

拉深系数是指拉深后的直径与拉深前坯料（工序件）的直径之比，如图 2-14 所示。

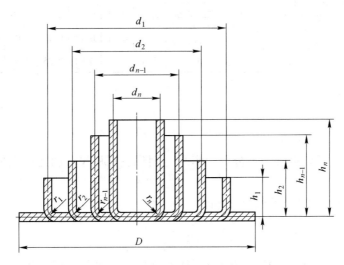

图 2-14　圆筒形件的多次拉深

第一次拉深系数
$$m_1 = \frac{d_1}{D} \tag{2-6}$$

第二次拉深系数
$$m_2 = \frac{d_2}{d_1} \tag{2-7}$$

第三次拉深系数
$$m_3 = \frac{d_3}{d_2} \tag{2-8}$$

$$\vdots \qquad\qquad \vdots$$

第 n 次拉深系数
$$m_n = \frac{d_n}{d_{n-1}} \tag{2-9}$$

式中　　　　　　　　D ——坯料直径，mm；

d_1，d_2，d_3，$\cdots$，d_{n-1}，d_n ——各道次拉深后的直径，mm。

2. 拉深力

（1）道次拉深：

$$F = \pi d_1 t \sigma_b k_1 \tag{2-10}$$

（2）以后各个道次：

$$F = 1.3\pi(d_{i-1} - d_i)t\sigma_b \quad i = 2, 3, \cdots, n \tag{2-11}$$

式中　　　　　　　　F——拉深力，N；

　　　　　　　　　　t——坯料厚度，mm；

d_1，d_2，d_3，$\cdots$，d_{n-1}，d_n——各道次拉深后的直径，mm；

　　　　　　　　　σ_b——拉深材料的抗拉强度，MPa；

　　　　　　　　　k_1——修正系数（见表 2-15）。

表 2-15　修正系数值

k_1	0.55	0.57	0.60	0.62	0.65	0.67	0.70	0.72	0.75	0.77	0.80			
K_1	1.0	0.93	0.79	0.79	0.72	0.66	0.60	0.55	0.50	0.45	0.40			
m_2，m_3，$\cdots$，m_n							0.70	0.72	0.75	0.77	0.80	0.85	0.90	0.95
K_2							1.0	0.95	0.90	0.85	0.80	0.70	0.60	0.50

实验设备及材料

（1）设备：四柱油压机 1 台。

（2）工具：拉深模 1 套、千分尺、卡尺、划规、钢皮尺、固定冲模所用的工具、润滑油等。

（3）材料：1000×150×1 SPCC 钢板。

实验内容

（1）拉深变形过程中变形区域划分。从网格的变化可较明确地说明拉深变形过程中的变形区、不变形区、传力区和过渡区。

（2）用拉深件壁厚沿高度方向的变化情况来说明材料拉深变形后金属的流动规律。

（3）各个拉深道次拉深系数的关系及冲压力的变化。

实验步骤

（1）首先将钢板两面用抹布擦拭干净，在钢板上的适当位置用划针、划规和钢皮尺划上间距为 5 mm 的同心圆和以 10° 为等分的从圆心放射出的射线，然后用此毛坯进行拉深，对网格变化的情况进行分析，并写入实验报告。

（2）在模具的工作部分上涂抹润滑油，将钢板放在第一副模具上。

（3）打开电源，启动油压机的电动机。

（4）按下按钮"压制"，开始压下，运行到下限位，停止压下，按下按钮"回程"将上模运行到上限位。

（5）取出钢板及冲压件，测量落料件的尺寸和拉深后圆筒件的直径，同时记录油压机上的拉深压力。

（6）将拉深件放在第二副拉深模具上，重复第（4）步，记录拉深力和测量拉深后拉深件的直径。

（7）将拉深件放在第三副拉深模具上，重复第（4）步，记录拉深力和测量拉深后拉深件的直径。

（8）将拉探件放在第四副模具上，重复第（4）步，完成旋切过程。

实验注意事项

（1）操作油压机前，其他人离开油压机工作区，拿走工作台上的杂物，才可启动油压机。

（2）油压机开动后，由1人进行送料，1人进行冲压操作，其他人不得按动电钮，并且不能将手放入油压机工作区或用手触动油压机的运动部分。

（3）发现油压机有异常声音或机构失灵，应立即关闭电源开关，进行检查。

（4）操作时要思想集中，严禁边谈边做，并且要互相配合，确保安全操作。

（5）注意不要让活动横梁超过其限制位置，防止损坏模具和设备。

实验报告要求

（1）对本实验的目的、原理、实验装置、操作等作简要叙述。

（2）将拉深三个道次测量的冲压力、拉深前后的毛坯尺寸以及拉深件口部及底部的厚度填入表 2-16。

表 2-16 拉深实测数据表

项目名称 ＼ 拉深道次	1	2	3
拉深前毛坯直径/mm			
拉深后筒形杯的外径/mm			
拉深件口部厚度/mm			
拉深件底部厚度/mm			
拉深力/N			
拉深系数			

实验 2-14　杯 突 实 验

实验目的

（1）了解板料胀形性能的实验方法；

（2）熟悉杯突实验机的使用及结构。

实验原理及影响因素

1. 实验原理

板料的冲压成形性能可以通过实验进行测定与评价。实验方法通常可分为三类，即力学实验、金属学实验和工艺实验。工艺实验是指模拟某一类实际成形方式中的应力状态和变形特点来成形小尺寸试样的板料冲压实验，所以工艺实验也称为模拟实验。用工艺实验可以直接测得被测板料的某种极限变形程度，而该极限变形程度即反映此板料对应于这类成形方式的冲压成形性能，所以又称之为直接实验。金属杯突实验是常用的一种工艺性能实验方法，其目的是在给定的实验条件下检验金属板材试样适应拉胀成形的极限能力。实验采用端部为球形的冲头将夹紧的试样压入凹模内，直至出现穿透裂纹为止，所测得的杯突深度即为实验结果。如图 2-15 所示，一定尺寸的试件毛坯被夹持在压边圈和凹模之间，用球形凸模进行冲压，直到试件圆顶附近出现能透光的裂缝时停止加载。把凸模压入的深度称为 IE 值，作为评价金属薄板胀形成形性能指标。IE 值越高，板料的胀形成形性能越好。杯突实验又称为艾利克森（Erichsen）实验。

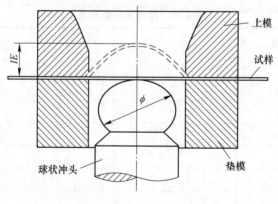

图 2-15　杯突实验示意图

2. 杯突值的影响因素

研究发现，杯突值与试样厚度、压边力及冲杯速度有着密切的关系。压边力越小，实验所需的冲力较大，则杯突值也相应变大；压边力越大，则结果相反。这种现象是金属材料的流动性造成的。压边力小于 10 kN 时，测得的杯突值均大于真实值。为了正确反映出材料的真实性能，必须严格按照 GB/T 4165—2020 标准中规定的 10 kN 的恒定夹紧力实验。对于同一种材料、同一种状态下做杯突实验，其杯突值随着试样厚度的增加而增大。这一结果说明了冲杯深度是由金属均匀变形和环颈部分参与变形的程度大小决定的，而沿环颈部分最终会发生破裂、见光。试样越厚，沿环颈部分的绝对变形越大，相应地冲杯深度越大。

实验设备与材料

（1）实验设备：杯突实验机一台；杯突实验模具一套。

（2）实验材料：90 mm×90 mm×1 mm 板材，材质有 08 钢、纯铜、纯铝板材。

实验内容

实验时，用球头凸模把一定规格的不同材质金属薄板顶入凹模，形成半球鼓包直至鼓包顶部出现裂纹为止。如图 2-15 所示，实验用半球凸模，将金属板料压入凹模，板料边缘在凹模和压边圈之间压紧。为防止边缘金属向凹模内流动，板料尺寸应足够大。实验时，金属板料被凸模顶成半球鼓包。取鼓包顶部产生颈缩或有裂纹出现时的凸模压入深度作为实验指标，称为杯突值，以 mm 为单位。决定实验指标的依据是最大载荷。当不能确定最大载荷时，可以采用可见（透光）裂纹发生时凸模压入深度作为指标。但用可见裂纹法测定的数值比最大载荷法测定的数值要大。当润滑条件良好时，鼓包顶部的应变状态接近于等双向拉伸。因此，杯突值可以用来评价板材的胀形性能。其值与硬化指数及总伸长率有一定相关性。实验条件对杯突值的影响较大。破裂点确定、工具尺寸、表面粗糙度、压边力、润滑、凸模压入速度等因素的变化都会使实验值产生波动。操作偏差和设备偏差也影响实验值。

实验步骤

（1）将手柄转到"反""慢"的位置。

（2）在试样与冲头上涂一层润滑油。

（3）夹紧试样。

（4）将手柄转到"正"，当试样出现裂纹时停机，读出其值，记录杯突深度、最大冲压力及压边力，填入表 2-17。

（5）结束实验。

表 2-17 杯突实验

材 料		08 钢	纯铜	纯铝
IE 值	1			
	2			
	3			
	平均			
冲压力	1			
	2			
	3			
	平均			

材　料		08 钢	纯铜	纯铝
压边力	1			
	2			
	3			
	平均			

实验报告要求

分析杯突值与板料冲压性能的关系。

实验 2-15 冷冲模的安装与调试

实验目的

（1）掌握冲模安装的方法和注意事项，适当了解冲压工艺规程和各工序的特点；

（2）检查模具的安装条件，即根据图样检查模具零部件的数量、外观及装配质量，检查模具的闭合高度、出件方式及使用规定，清楚模具的结构及工作原理。

实验原理

1. 冷冲模安装

选择压力机并检查其安装条件。要求压力机的规格应符合所装模具的各项工艺规定，压力机的技术状态应满足模具的安装、使用标准。准备好安装冲模所需要的紧固螺栓、螺母、压板、垫块、垫板及冲模上的附件（顶杆、推杆等）。选择安装工具、量具等。

2. 冷冲模调试

（1）模具闭合高度的调试。模具的上、下模安装到压力机上后，要调整模具闭合高度。在调整时，可通过旋转螺杆来实现。需要注意的是，旋转螺杆前，应将锁紧螺杆的机构松开，待闭合高度调整好后再将锁紧机构锁住。

（2）凸模、凹模的配合调试。

1）冲孔、落料等冲裁模具，可将凸模调整到进入凹模刃口的深度为冲料厚的 2/3 或略深一些。

2）弯曲模凸模进入凹模的深度与弯曲件的形状有关，一般凸模要全部进入凹模或进入凹模一定的深度，将弯曲件压制成形为止。

3）对于拉深模的调试，除考虑凸模必须全部进入凹模外，还应考虑开模后制件能顺利地从模具中卸下来。

4）有导向装置的模具，其调试过程比较简单，凸、凹模的位置可由导向零件决定，要求模具的导柱导套有良好的配合精度，不允许有位置偏移和卡住现象。对于无导向装置的模具，其凸、凹模的位置就要用测量间隙或用垫片法来保证。

（3）其他辅助装置的调试。

1）对于定位装置的调试，应时常检查定位元件的定位状态，假如位置不合适或定位不准确，应及时修整其位置和形状，必要时可更换定位零件。

2）对于卸料系统的调试，应使卸料板（或顶件器）与制件贴合；卸料弹簧或卸料橡胶块弹力要足够大；卸料板（或顶件器）的行程要调整到足够使制件卸出的位置；漏料孔应畅通无阻；打料杆、推料板应调整到顺利将制件推出，不能有卡住、发涩现象。

（4）试模。

实验工具与实验材料

冷冲模一套、活动扳手、内角扳手、钢尺、40 mm 垫板两块、20 mm 垫块若干、100 mm×2000 mm×1 mm 的 08 钢板一块。

实验步骤

（1）测量冲模的闭合高度，并根据测量的尺寸调整压力机滑块的高度，使滑块在下止点时，滑块底面与工作面之间的距离略大于冲模的闭合高度（若有垫板，应为冲模闭合高度与垫板之和）。

（2）擦洗冲模及工作台表面。取下模柄锁紧块，将冲模推入，使模柄紧靠模柄孔，垫板间距要使废料能够漏下，合上锁紧块，再将压力机滑块停在下止点，并调整压力机滑块高度，使滑块与上模顶面接触。紧固锁模块，安装下模压板，但不要将螺栓拧得太紧。有弹性顶出器装置的在下模安装弹性顶出器。若上模有顶杆时，要插入打料杆调整压力机的卸料螺钉，刚好使打料杆压住顶杆为止，即打下零件为止。

实验报告要求

（1）绘制装配图。
（2）分析各个零部件的作用。

2.3　焊接成形实验

实验 2-16　气体保护电弧焊工艺

实验目的

（1）了解气体保护电弧焊的基本原理；

（2）熟悉气体保护电弧焊工艺流程及设备的特点；

（3）分析气体保护电弧焊工艺参数对焊缝成形及熔滴过渡的影响规律。

实验原理

气体保护电弧焊是用外加气体作为电弧介质，防止电弧、金属熔滴、熔池与空气直接接触，从而减少焊缝金属氧化和产生气孔等缺陷的一类电弧焊方法。气体保护电弧焊的优点是：电弧挺度好，易实现全位置焊接和自动焊接；电弧热量集中，熔池小，焊接速度快，焊缝质量好等。缺点是：不宜在有风的场地施焊，电弧光辐射较强。

根据电极材料的不同，气体保护电弧焊可分为：

（1）非熔化极气体保护电弧焊。非熔化极气体保护电弧焊是电弧在非熔化极（通常是钨极）和工件之间燃烧，电极只起发射电子、产生电弧的作用，本身不熔化，焊接时填充金属从一侧送入，电弧热将填充金属与工件熔融在一起，形成焊缝。如 TIG 焊（钨极氩弧焊）等。

（2）熔化极气体保护电弧焊。熔化极气体保护电弧焊是利用金属焊丝作为电极，电弧产生在焊丝和工件之间，焊丝不断送入，并熔化过渡到焊缝中。如 MIG 焊（熔化极惰性气体保护焊）、MAG 焊（熔化极活性气体保护焊）等。

根据使用保护气体的类型，气体保护电弧焊可为：

（1）惰性气体保护电弧焊（inert gas shielded welding）。惰性气体保护电弧焊使用惰性气体（如氩气、氦气）作为保护气体，主要用于焊接不锈钢、铝合金等材料。

（2）活性气体保护电弧焊（active gas shielded welding）。活性气体保护电弧焊使用活性气体（如二氧化碳）作为保护气体，主要用于焊接低合金钢、碳钢等材料。

（3）混合气体保护电弧焊（mixed gas shielded welding）。混合气体保护电弧焊使用惰性气体和活性气体的混合物作为保护气体，以兼具惰性气体和活性气体的特性，适用于不同材料的焊接。

实验设备与材料

CO_2 气体保护焊机（NB-250XD）及配件（焊枪、送丝机构、CO_2 气瓶、减压阀等）、与焊枪配套的焊丝、Q235 低碳钢板、个人防护装备（焊接面罩、手套、工作服、绝缘服等）、清洁工具（砂纸、钢丝刷等）、测量工具（卷尺、游标卡尺等）。

实验方法和步骤

（1）了解实验所用气体保护电弧焊接设备结构、原理及操作方法。

（2）用砂纸将待焊母材试样表面打磨去锈，按指导教师的要求接好线路。

（3）打开焊接电源开关，在控制面板上输入给定的焊接参数。

（4）打开气瓶，调节至合适的气体流量。

（5）打开循环水系统，保证水路工作正常。测试焊枪，保证送丝、送气工作正常。

（6）启动焊接开关，进行焊接。根据焊接结果调整焊接参数，反复几次，直到获得稳定的电弧和较好的焊缝成形。焊接时应注意电弧是否稳定燃烧，有无大的飞溅及爆破声响。

（7）以较佳的焊接参数作为标准，在其他焊接参数保持不变的条件下，每次只改变一个规范参数进行焊接。观察焊接参数的影响，并记录焊接电流、电弧电压的波形及焊接过程的稳定性，焊缝成形、飞溅、熔滴过渡等情况。

（8）焊接完毕，关闭气瓶、循环水及电源。

实验数据

整理实验数据，并记录到表 2-18 中。

表 2-18　实验结果记录表

序号	焊接电流/A	电弧电压/V	气流量 /L·min^{-1}	送丝速度 /m·h^{-1}	焊丝直径 /mm	焊接速度 /m·h^{-1}	过渡形式	焊缝成形情况

实验报告要求

（1）实验前要求做好预习，熟悉实验目的、实验原理及具体实验内容等。

（2）分别画出焊接电流、电弧电压等主要参数的关系曲线，分析各曲线形式对于焊接过程稳定性的关系。

（3）分析讨论实验中观察到的现象。

实验 2-17 激光焊接工艺

实验目的

（1）了解激光器的结构及工作原理；

（2）了解激光焊接的原理、工艺过程和特点；

（3）掌握激光焊接工艺参数对接头质量的影响规律。

实验原理

激光焊接是利用高能量密度的激光束作为热源的一种高效精密焊接方法。其工作原理是，激光器产生高亮度、单色性和方向性强的激光束，经过一系列光学系统聚焦到极小的区域内。当激光束作用于工件表面时，由于其能量极高，能在瞬间使工件表层材料熔化，并通过热传导效应向材料内部扩散，形成一个局部高温熔池。同时，通过精确控制激光的照射时间和能量分布，可以实现不同材料间的高质量连接，形成牢固的焊缝。

激光焊接是一种新型的焊接方式，激光焊接主要针对薄壁材料、精密零件的焊接，可实现点焊、对接焊、叠焊、密封焊等，具有深宽比高、焊缝质量高、焊接速度快、焊后操作简单、易实现自动化等特点。

根据激光对工件的作用方式和激光器输出能量的不同，激光焊可以分为连续激光焊和脉冲激光焊。连续激光焊在焊接过程中形成一条连续的焊缝，主要用于厚板深熔焊。脉冲激光焊输入到工件的能量是断续的、脉冲的，每个激光脉冲在焊接过程中形成一个圆形焊点，主要用于微型件、精密元件和微电子元件的焊接。

按照激光工作物质划分，激光器可以分为气体激光器、固体激光器、液体激光器及半导体激光器等。工业上常用的激光器有 CO_2 气体激光器和 YAG 固体激光器。固体激光器基本结构如图 2-16 所示。

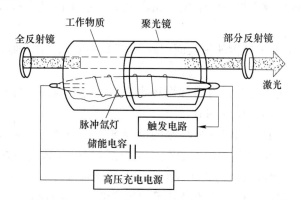

图 2-16 固体激光器基本结构示意图

固体激光器由固体激光工作物质、光泵（光源）、聚光器、谐振腔、供电系统、水冷系统组成。固体激光工作物质是激光器的核心，是用来产生光的受激辐射。光泵（光源）用来激励工作物质，以获得粒子数反转分布（即高能级上的原子数大于低能级上的原子数）。聚光器用来使光泵发出的离散光尽可能多地汇聚到工作物质上。谐振腔通常由位于激光工作物质两端的两个反射镜组成，起振荡放大作用。供电系统由储能电容器、充电电源和触发器等组成，用来使光泵发光。水冷系统是对光泵、电极、工作物质和腔体通水冷却，冷却方式分为全冷式和分冷式两种。

激光焊接的焊接参数与传统焊接方法略有不同，包括激光功率、焊接速度、离焦量、保护气体种类和气流量。激光功率和焊接速度是激光焊接中的主要参数，对焊缝质量有重要影响。对于脉冲激光焊，激光的平均功率、峰值功率和占空比是其中的关键参数。离焦量是指焦点与焊接表面的距离，它对于焊接熔深影响很大。保护气体不仅能保护焊缝金属，还能抑制和屏蔽光致等离子体，提高激光的实际利用率。

脉冲激光焊的激光平均功率 P 的计算公式为

$$P = \frac{E}{T} \tag{2-12}$$

式中　P——激光功率，W；

　　　E——激光脉冲能量，J；

　　　T——脉冲宽度，s。

本实验利用 CO_2 气体激光器焊接 316L 不锈钢薄板，讨论激光焊接工艺参数与焊缝状态的关系。

实验设备与材料

（1）YAG 固体激光器系统、数控工作台及焊接夹具、CO_2 气体激光焊接加工系统、体视显微镜等。

（2）200 mm×100 mm×2 mm 的 316L 不锈钢薄板若干块、砂纸、丙酮、氩气等。

实验方法和步骤

（1）结合实验所用激光焊机给学生介绍激光焊接系统的基本构成、激光焊接的技术指标及调整方法。

（2）将待焊的 316L 不锈钢薄板表面用砂纸打磨去锈，并用丙酮清洗干净后用夹具固定在工作台上。

（3）启动激光焊接系统，开启内部循环水系统，打开风刀和保护气，并调节保护气（氩气）气流量，气流量为 30 L/min。

（4）当激光器内部温度和内部循环水的电离度都达到规定的指标后，各组分别改变激光功率、焊接速度、离焦量、脉冲频率、占空比等焊接参数进行焊接（参考工艺参数见表 2-19），观察记录焊接试样的表面成形情况及熔透情况。

（5）焊接完后，取出试样，关闭激光器和数控机床，并打扫工作台。

表 2-19　实验参考工艺参数表

序号	激光输出方式	激光功率/W	焊接速度 /cm·min^{-1}	峰值功率/W	占空比/%	脉冲频率/Hz	焊缝状态
1	连续	300	100				
2	连续	500	100				

续表 2-19

序号	激光输出方式	激光功率/W	焊接速度 /cm·min⁻¹	峰值功率/W	占空比/%	脉冲频率/Hz	焊缝状态
3	连续	700	100				
4	连续	900	100				
5	连续	1100	100				
6	连续	900	120				
7	连续	900	140				
8	连续	900	160				
9	连续	900	180				
10	连续	900	200				
11	脉冲	700	100	1500	16	100	
12	脉冲	900	100	1500	30	100	
13	脉冲	1100	100	1500	42	100	

实验报告要求

（1）写出实验目的、实验原理、实验步骤与方法、结果分析等。

（2）简述实验步骤并记录实验过程中观察的现象。

（3）整理实验数据，分析激光焊接不锈钢薄板的完全熔透的工艺参数范围。

实验 2-18   真空钎焊工艺

实验目的

(1) 了解钎料配置方法；
(2) 初步学会使用真空钎焊设备；
(3) 了解真空钎焊工艺流程和特点；
(4) 掌握真空钎焊的工艺参数设定及接头质量的检验方法。

实验原理

钎焊是指用比母材熔点低的金属材料作为钎料，加热到钎料熔化母材不熔化的温度，通过母材与钎料之间的溶解、扩散等冶金反应，凝固后形成冶金结合的一种焊接方法。按照国家标准，将使用钎料液相线温度 450 ℃以上的钎焊称为硬钎焊，在 450 ℃以下的称为软钎焊。钎焊的加热温度较低，而且焊缝周围大面积均匀受热，变形和残余应力较小，接头光滑美观，适合于焊接精密、复杂和由不同材料组成的构件，如蜂窝结构板、透平叶片、硬质合金刀具和印刷电路板等。钎焊前对工件必须进行细致加工和严格清洗，除去油污和过厚的氧化膜，保证接口装配间隙。间隙一般要求为 0.01~0.1 mm。

铝合金的硬钎焊均采用铝基钎料。要使钎料的熔点适当降低，以适合铝合金的钎焊，基本途径是向其中加入合金元素，使钎料形成共晶或低熔点固溶体。硅和铝能在固态时部分互溶，形成熔点较低的简单共晶组织。这种共晶组织又具有抗腐蚀性等优点，故铝基钎料常含有硅作为主要合金成分。

配置钎料就是按规定的成分熔炼合金，按照钎料名义成分和配置量计算好，并称出需要的各种原料。若原料都是纯金属，计算是一种简单的比例计算。但有时某些成分宜以中间合金形式加入，则算料时应考虑其中所含的其他元素。钎料熔炼就是加热使各种原料熔化，形成成分均一的合金。

对于大多数材料，真空钎焊时不需要使用钎剂，并且能消除母材表面的氧化膜。钎料与母材润湿性的好坏是选择钎料时首先要考虑的条件，也是能否获得优质钎焊接头的关键性因素。如果钎料不能润湿母材，也就不能在母材上毛细填缝，接头将无从形成。母材的表面形貌是影响钎料对母材润湿性的主要因素之一。一般地，表面过于平滑和过于粗糙都会减弱钎料对母材的润湿。在母材表面形成的微观沟槽起到一定的毛细作用，有利于液态钎料的铺展，能够提高钎料对母材的润湿性。因此，钎焊前对母材表面的清理，随采用的方法不同造成母材表面的形貌不同，对于钎料的润湿性影响也不同。

实验设备与材料

(1) 真空钎焊炉。主要由密闭的炉体、控制系统和真空系统组成。另外还包括炉钳、天平、坩埚等其他辅助设备。

(2) 实验用焊接材料是铝合金，另外包括工业纯铝、镁、铝硅中间合金、酒精、砂纸等辅助材料。

实验方法和步骤

（1）熔炼钎料。实验采用 Al-Si-Mg 系钎料，自己设计钎料成分，并计算需要的纯铝、纯镁和铝硅中间合金的质量（钎料参考成分 Al-10%Si-1.6%Mg、Al-10%Si-2.4%Mg 与 Al-11.5%Si-1.6%Mg）。按计算的结果，用天平称取镁、硅和铝硅中间合金，在坩埚内熔炼钎料。

（2）将截取的铝合金母材用砂纸打磨去除表面的氧化物，清水洗净后，采用酒精去除表面油污。

（3）将熔炼的钎料置于母材之间，接头搭接长度为 3~5 mm，放入真空钎焊炉内，盖上炉盖。启动机械泵，对真空炉抽真空，同时接通扩散泵加热电炉。

（4）炉内真空度达到 $1.0×10^{-5}$ Pa 后，接通真空炉电源，开始钎焊加热。加热至规定温度后保温（参考加热温度为 620~630 ℃）。从加热开始，以 100 ℃ 为间隔，记录时间和真空度。在钎焊温度保温结束后，关闭加热电源，随炉冷却。

（5）待炉温降至 200 ℃ 以下，关停真空机组，开启真空炉，取出试片，按照要求进行相应的观察和力学性能测试。

（6）按照上面的步骤在不同的钎焊工艺参数下进行实验。

实验数据

整理实验数据，并记录到表 2-20 中。

表 2-20　实验结果记录表

实验编号	钎料成分	真空度/Pa	加热温度/℃	加热时间/min	保温温度/℃	保温时间/min	接头情况（外观）	接头力学性能情况（断裂位置、伸长率）

实验报告要求

（1）观察钎焊接头，记录实验结果。观察试样时要仔细观察钎焊接头的外观，钎料润湿情况，是否流淌，看钎角是否圆滑，是否发生熔蚀及未焊合等表面缺陷。测试力学性能时要记录接头断裂位置，计算伸长率，并目测断口是否有气孔及夹渣等缺陷。

（2）根据钎焊试片时记录的真空炉加热温度、真空度及加热时间数据，绘制钎焊加热循环曲线，并分析其特点。

（3）整理实验数据，分析焊接工艺参数与接头性能的关系。

实验 2-19　搅拌摩擦焊接工艺

实验目的

（1）了解搅拌摩擦焊的基本原理；

（2）了解搅拌摩擦焊接设备及其工艺流程和特点；

（3）分析焊接工艺参数对搅拌摩擦焊接接头成形的影响规律。

实验原理

搅拌摩擦焊（friction stir welding，FSW）是英国焊接研究所（The Welding Institute，TWI）于 1991 年发明的一种固相连接技术。FSW 过程如图 2-17 所示，其原理是利用高速旋转的搅拌头扎入工件后沿焊接方向运动，在搅拌头与工件的接触部位产生摩擦热，使其周围形成塑性软化层，软化层金属在搅拌头旋转的作用下填充搅拌针后面的空腔，并在轴肩与搅拌针的搅拌及挤压作用下实现材料的固相连接。搅拌摩擦焊接接头一般具有四个特征区域：焊核区、热机影响区、热影响区和母材。

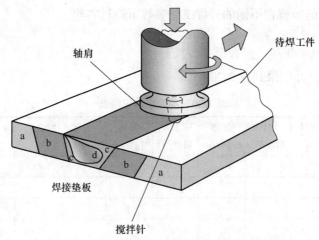

图 2-17　搅拌摩擦焊接原理图

a—母材；b—热影响区；c—热机影响区；d—焊核区

在搅拌摩擦焊过程中，搅拌针的长度略小于焊缝的深度，其作用是对接头处的金属进行摩擦及搅拌，而搅拌头上圆柱形的轴肩主要用于与工件表面摩擦产生热量，防止焊缝处的塑性金属向外溢出，同时可以清除焊件表面上的氧化膜，因此焊前不需要表面处理。搅拌摩擦焊接可以实现管-管、板-板的可靠连接，接头形式可以设计为对接、搭接，可进行直焊缝、角焊缝及环焊缝的焊接，并可以进行单层或多层一次焊接成形。

焊接接头的组织决定了焊接接头力学性能。搅拌摩擦焊的工艺参数对热量传导和材料的流动有着重要的影响，从而影响接头的显微组织。搅拌摩擦焊的工艺参数主要有：搅拌头倾角、搅拌头旋转速度、焊接速度、搅拌头下压量等。

（1）搅拌头倾角。焊接时，由于板材原始厚度的误差，待焊的两个零件的板厚会存在一定的差异，造成板厚差问题，因此搅拌头通常会向后倾斜一定的角度，以便在焊接时轴肩后沿能够对焊缝施加均匀的焊接顶锻力。不同的板厚搅拌头倾角不同，一般为±5°。

（2）搅拌头旋转速度。搅拌头旋转速度对焊接过程中的摩擦热有重要影响。当搅拌头旋转速度较低时，产生的摩擦热不够，不足以形成热塑性流动层，结果在焊缝中易形成空洞等缺陷。随着转速的增加，摩擦热增大，使得孔洞减小，当转速增加到一定值时，孔洞消失，形成致密的焊缝。但当转速过高时，会使焊缝温度过高，形成其他的缺陷。

（3）焊接速度。焊接速度过快，使得接头成形不好，容易形成缺陷，造成质量隐患，同时对设备及操作人员要求更高，增加成本。若焊接速度过慢，容易造成缺陷且生产效率不高。因此焊接速度应从各方面进行综合考虑。

（4）搅拌头下压量。搅拌头下压量增大，可增加热输入，提高焊缝组织的致密度。但是摩擦力增大，搅拌头向前移动的阻力也会增大，且下压量过大时，易形成焊缝凹陷，使焊缝表面形成飞边等。下压量过小，焊缝组织疏松，内部会出现孔洞。

实验设备与材料

（1）搅拌摩擦焊机、维氏硬度计、夹具、搅拌头等。

（2）铝合金试板、丙酮、砂纸等。

实验方法和步骤

（1）了解搅拌摩擦焊机、搅拌摩擦焊接原理及技术指标。

（2）焊前用砂纸将与轴肩接触的母材表面及结合面轻微擦拭，除去氧化膜，然后用丙酮将接头附近清理干净。

（3）用夹具将两片待接试样刚性固定在钢衬板上，防止工件在焊接过程中移动。

（4）启动搅拌摩擦焊机，以一定的转速缓慢扎入两试样结合面内，直至轴肩和工件表面接触，然后以一定的焊接速度向前移动。实验中设置不同的转速和焊接速度焊接试样。

（5）观察焊缝外观，分析焊接参数对于焊缝成形的影响。

实验数据

整理实验数据，并记录到表 2-21 中。

表 2-21　实验结果记录表

实验编号	搅拌头倾角/(°)	搅拌头下压量/mm	搅拌头旋转速度/r·min⁻¹	焊接速度/cm·min⁻¹	焊缝外观情况

实验报告要求

（1）写出实验目的、原理、实验内容及实验步骤等。

（2）列出焊接工艺参数和焊缝外观形貌。

（3）整理实验结果，分析焊接工艺参数与焊缝外观形貌的关系，并分析原因。

实验 2-20 金属焊接接头的性能评价

实验目的

（1）观察与分析焊接接头的金相组织；

（2）了解焊接接头的硬度分布特征；

（3）分析焊接接头组织与接头力学性能的关系；

（4）掌握评价焊接接头性能的方法。

实验原理

焊接是利用加热、加压等手段，使固体材料之间达到原子间的冶金结合，从而实现永久性连接接头的工艺过程。焊接被广泛应用于航空航天、电子、石油化工、机械制造、桥梁等领域。焊接接头的性能直接影响其在工业上的应用，因此需要对焊接接头的性能进行评价。

焊接时，焊缝区金属是由常温开始加热到较高温度，然后再冷却到室温。在焊接接头各点的最高加热温度不同，不同点的焊接热循环，相当于进行了一次热处理，因此有相应的组织和性能的变化。焊接接头由焊缝区、熔合区和热影响区三部分组成，其组织特征存在明显差异。

（1）焊缝区是接头金属及填充金属熔化后，又以较快的速度冷却凝固后形成的，因此形成的组织为非平衡凝固组织。焊缝组织是从液体金属结晶的铸态组织，晶粒粗大，成分偏析，组织不致密。但是，由于焊接熔池小，冷却快，化学成分控制严格，碳、硫、磷都较低，通过元素的扩散，焊缝中含有一定的合金元素，因此，焊缝金属的性能问题不大，可以满足性能要求，特别是强度容易达到。

（2）熔合区是熔化区和非熔化区之间的过渡部分。熔合区化学成分不均匀，组织粗大，往往是粗大的过热组织或粗大的淬硬组织，其性能常常是焊接接头中最差的。熔合区和热影响区中的过热区（或淬火区）是焊接接头中力学性能最差的薄弱部位，会严重影响焊接接头的质量。

（3）热影响区是指在焊接热源作用下焊缝外侧处于固态的母材发生组织和性能变化的区域。由于焊接时热影响区各部分与焊缝距离不同而被加热到不同的温度，焊后又以不同的冷却速度冷却下来，因此整个热影响区的组织和性能是不均匀的。热影响区的组织分布与钢的种类、不同部分的加热最高温度有关。钢板尺寸越大，冷却越快，钢板初始温度越高（预热），冷却越慢。低碳钢的热影响区可分为过热区、正火区和部分相变区：过热区的加热温度为固相线至 1100 ℃，晶粒粗大，甚至产生过热组织；正火区（细晶区）的加热温度为 A_3 以上到晶粒开始急剧长大的温度范围，未达到过热温度，由于焊后空冷，相当于热处理后的正火组织；部分相变区（不完全重结晶区）的加热温度为 $A_1 \sim A_3$，只有部分组织发生相变，空冷时为先共析铁素体和珠光体以及未溶的粗大铁素体组织，晶粒大小和组织不均匀。

观察焊接接头的显微组织要用金相显微镜，因此必须制备金相试样。制备焊接接头金相试样的过程与一般金相制样大致相同，包括取样、预磨、研磨、抛光、浸蚀等步骤。在截取金相试样时，试样要包括完整的焊缝及热影响区和母材部分。

硬度是评价焊接接头力学性能和产品质量的重要指标之一，它与材料的很多其他性能之间存在一定的关系。一般情况下，可以利用硬度与强度的相应关系，用热影响区硬度的变化来表示性能的变化，另外热影响区最高硬度试验可以作为测定金属材料淬硬倾向的判据。硬度测试简单易行，在焊接接头性能评价中得到了广泛的应用。采用焊接方法的不同，所得焊接接头的组织会存在差异，因此硬度分布曲线也不同。本实验中，焊接试样的硬度测试采用维氏硬度计。

金属拉伸实验是指在承受轴向拉伸载荷下测定材料特性的实验方法，主要用于检验材料是否符合规定的标准和研究材料的性能，是材料力学性能试验的基本方法之一。利用拉伸实验得到的数据可以确定材料的弹性极限、伸长率、弹性模量、比例极限、面缩率、拉伸强度、屈服点、屈服强度等。拉伸曲线图是由拉伸试验机绘出的拉伸曲线，实际上是载荷伸长曲线，如将载荷坐标值和伸长坐标值分别除以试样原截面积和试样标距，就可得到应力-应变曲线图。

实验设备与材料

（1）抛光机、金相显微镜、维氏硬度计、拉伸试验机、吹风机、玻璃平板、游标卡尺等。

（2）抛光布、不同粗细的砂纸、抛光膏、无水乙醇、4%的硝酸酒精、脱脂棉、低碳钢焊接接头试样若干等。

实验方法和步骤

（1）实验前，先认真阅读实验指导书，明确本次实验的目的和要求。

（2）制备金相试样。在室温下垂直于焊缝中心截取试样，注意试样要包括完整的焊缝及热影响区和部分母材，切割时要注意冷却。然后研磨、抛光和浸蚀制备金相样品。研磨时要注意由粗到细、依次操作，并用清水冲洗。浸蚀使用4%的硝酸酒精溶液，然后用清水冲洗，并用无水乙醇轻轻擦去水分，用吹风机吹干。

（3）将制备好的金相试样在金相显微镜下进行观察与分析，并拍摄焊接接头的金相照片。操作过程中要严格防止镜头碰到试样表面，实验完毕要关掉电源。

（4）用维氏硬度计分别测量各显微组织的硬度。热影响区每隔 0.5 mm 作硬度测量点，焊缝区间隔可以稍大些，记录实验数据。硬度计的使用要严格按照操作流程进行，加载时应细心操作以免损坏压头。

（5）制备拉伸试样，进行拉伸力学实验，并分析拉伸曲线图。

实验报告要求

（1）整理不同焊接参数下焊接接头的金相组织照片，并分析特征。

（2）分析材料、焊接参数对接头焊缝区、熔合区及热影响区组织特点的影响规律，并解释原因。

（3）结合得到的硬度数据，绘制焊接接头硬度分布曲线图，并分析原因。

（4）记录拉伸实验中的原始数据并绘制曲线图，比较接头的强度及塑性指标。

（5）分析拉伸曲线图，获得最优性能的条件是什么？并解释原因。

3 金属成形质量检测与控制实验

实验 3-1 金属成形检测技术实验

实验目的

（1）了解光敏电阻的光照特性和伏安特性等基本特性；

（2）了解热电偶的温度特性与应用；

（3）了解应变式压力传感器的应用及电路标定。

实验原理

1. 光敏电阻实验

光敏电阻是用硫化镉或硒化镉等半导体材料制成的特殊电阻器，表面涂有防潮树脂，具有光电导效应。光敏电阻的工作原理是基于内光电效应，即在半导体的光敏材料两端装上电极引线并将其封装在带有透明窗的管壳中，就构成光敏电阻。为了增加灵敏度，常将两电极做成梳状。

光敏电阻在一定的外加电压下，当有光照时，流过的电流称为光电流，外加电压与光电流之比称为亮阻，常用"100lx"标示，亮电阻值可小至 1 kΩ 以下；光敏电阻在一定的外加电压下，当没有光照时，流过的电流称为暗电流，外加电压与暗电流之比称为暗电阻，常用"0lx"标明，暗电阻值一般可达 1.5 MΩ。

光敏电阻的灵敏度指光敏电阻不受到光照时的电阻值（暗阻）和受到光照时的电阻值（亮阻）的相对变化值。光敏电阻暗阻和亮阻的阻值之比约为 1500∶1，暗阻值越大越好，使用时给其施加直流或交流偏压。MG 型光敏电阻适用于可见光，主要用于各种自动控制电路、光电计数、光电跟踪、光控电灯、照相机的自动曝光及彩色电视机的亮度自动控制电路等场合。

光照特性指光敏电阻输出的电信号随光照度而改动的特性。从光敏电阻的光照特性曲线能够看出：随着光照强度的增加，光敏电阻的阻值开端活络度下降；若进一步增大光照强度，则电阻值改动减小，然后光照特性曲线逐步趋向峻峭。在大多数状况下，光照特性为非线性。伏安特性曲线用来描绘光敏电阻的外加电压与光电流的联络，对于光敏器材来说，其光电流随外加电压的增大而增大。光敏电阻的光电效应受温度的影响较大，有些光敏电阻在低温下的光电活络度较高，而在高温下的活络度较低。

2. K 型热电偶的特性及温度测量

热电偶是一种感温元件，是一次仪表，它直接测量温度，并把温度信号转换成热电动势信号，通过电气仪表（二次仪表）转换成被测介质的温度。K 型热电偶的基本原理是两种不同成分的均质导体组成闭合回路，当两端存在温度梯度时，回路中就会有电流通过，此时两端之间就存在电动势-热电动势，这就是所谓的塞贝克效应。两种不同成分的均质导体为热电极，温度较高的一端为工作端，温度较低的一端为自由端，自由端通常处于某个恒定的温度。根据热电动势与温度的函数关系，制成热电偶分度表；分度表是自由端的温度在 0 ℃时的条件下得到的，不同的热电偶具有不同的分度表。

在 K 型热电偶回路中接入第三种金属材料，只要该材料两个接点的温度相同，热电偶产生的热电势保持不变，即不受第三种金属材料接入回路中的影响。因此在热电偶测温时，可接入测量仪表，测得热电动势，即可知道被测介质的温度。

在常温环境下通过计算，可以近似地用以下公式来计算电压与温度的对应变化：

$$V_0 = 0.040762 \times T - 0.011550 \tag{3-1}$$

式中　V_0——输出的电压值，mV；

　　　T——当前温度，℃。

热电偶的输出电动势也可以通过 K 型热电偶分度表（表 3-1）来查询，查询方法如下。

（1）左边第一列和最上边的一行是温度（℃），其他的是电动势（mV）。举个例子：若电动势是 2.270 mV，那么就在表上找到 2.270 所在的格子，则这个格子所在行和列的第一格的温度为 50 ℃和 6 ℃，将其相加就是 56 ℃，即 K 型热电偶在 56 ℃时电动势为 2.270 mV。

（2）如果是负温度的话，则加绝对值，例如"-59 ℃"对应的是"-50"与个位数字"9"，即意味着 K 型热电偶在-59 ℃时电动势是-2.394 mV。

表 3-1　部分温度区间的 K 型热电偶分度表　　　　　　　　　　　mV

温度/℃	0	1	2	3	4	5	6	7	8	9
0	0	0.039	0.079	0.119	0.158	0.198	0.238	0.277	0.317	0.357
10	0.397	0.437	0.477	0.517	0.557	0.597	0.637	0.677	0.718	0.758
20	0.798	0.838	0.879	0.919	0.960	1.000	1.041	1.081	1.122	1.162
30	1.203	1.244	1.285	1.325	1.366	1.407	1.448	1.489	1.529	1.570
40	1.611	1.652	1.693	1.734	1.776	1.817	1.858	1.899	1.940	1.981
50	2.022	2.064	2.105	2.146	2.188	2.229	2.270	2.312	2.353	2.394
60	2.436	2.477	2.519	2.560	2.601	2.643	2.684	2.726	2.767	2.809
70	2.850	2.892	2.933	2.875	3.016	3.058	3.100	3.141	3.183	3.224
80	3.266	3.307	3.349	3.390	3.432	3.473	3.515	3.556	3.598	3.639
90	3.681	3.722	3.764	3.805	3.847	3.888	3.930	3.971	4.012	4.054

注：参考端温度为 0 ℃。

由于热电偶输出的电压为毫伏级别，无法用万用表直接测量，因此需要对热电偶输出的电压进行放大处理，K 型热电偶的放大电路如图 3-1 所示。

将 K 型热电偶靠近热源，调节 W1 电位器，使运放输出电压满足放大要求，输出电压随温度有明显的变化。

此处的电阻选择理由为：如果 V_{out} 输出的值与温度对应的关系为式（3-2），假定 50 ℃时，输出的值为 500 mV，则在放大器趋于理想的情况下，有 500 mV/2.022 mV = 247。根据同相放大器的放大倍数计算公式：

$$V_{\text{out}} = V_{\text{in}}\left(1 + \frac{R_2}{R_1}\right) \tag{3-2}$$

可得出，图 3-1 中 $R_1 = 1\ \text{k}\Omega$、$R_2 = R_{21} + W_1$ 约为 247 kΩ。考虑其他的外部影响及 K 型热电偶的线性，R_2 取 247 kΩ。

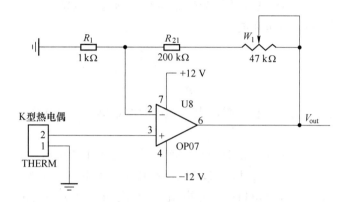

图 3-1　K 型热电偶放大电路

如果实验室不具备热源，可以用如下方法来得到实验现象。先获取当前实验室的环境温度（如用温度计获取），调节电位器，让输出端 V_{out} 得到一个典型电压值（代表实验室温度作为参考），用体温或是加热过后的其他介质，将 K 型热电偶的探头放置其中，测量 V_{out} 端电压，计算出其温度，并与其他类型的温度计对比。

3. 全桥称重实验

应变式压力传感器包括两个部分：一个是弹性敏感元件，利用它将被测物理量（如力、扭矩、加速度、压力等）转换为弹性体的应变值；另一个是应变片作为转换元件，将应变转换为电阻的变化。当压力作用在薄板的承压面上时，薄板变形，粘贴在另一面的电阻应变片随之变形，并改变阻值。这时测量电路中电桥平衡被破坏，产生输出电压，如图 3-2 所示。

直流电桥的基本形式的电路如图 3-3 所示。R1、R2、R3、R4 为电桥的桥臂电阻，RL 为其负载（可以是测量仪表内阻或其他负载）。R_1、R_2、R_3、R_4、R_{L} 分别为各自的电阻值，V_{o} 为电桥的输出电压，E 为电源的电动势。

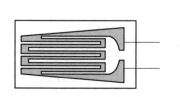

图 3-2　金属箔式应变片

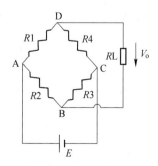

图 3-3　直流电桥的电路示意图

当 $R_L \to \infty$ 时，电桥的输出电压 V_o 应为

$$V_o = E\left(\frac{R_2}{R_1 + R_2} + \frac{R_4}{R_3 + R_4}\right) \tag{3-3}$$

当电桥平衡时，$V_o = 0$，由式（3-3）可得到 $R_1 \times R_4 = R_2 \times R_3$。

当式（3-3）中直流电桥的四臂均为传感器时，则构成全桥差动电路。若满足 $\Delta R_1 = \Delta R_2 = \Delta R_3 = \Delta R_4$，则输出电压和灵敏度为

$$V_o = E\frac{\Delta R_2}{R_2} \tag{3-4}$$

$$S_v = E \tag{3-5}$$

由此可知，全桥式直流电桥的输出电压和灵敏度是单臂直流电桥的 4 倍，是半桥式直流电桥的 2 倍。

压力传感器的测量电路由两部分组成：前一部分是采用 3 个运算放大器（简称运放）构成的仪表放大电路（图 3-4），后一部分的反相比例放大电路（图 3-5）将仪表放大器的输出电压进一步放大。R28 是电桥的调零电阻，R42 是整个放大电路的调零电阻，R29 是前一级仪表放大器的运放增益调节电阻，R40 是后一级反相比例放大电路的运放增益调节电阻。仪表放大器因为输入阻抗高、共模抑制能力好而作为电桥的前置接口电路。其增益可用下式表示：

$$A = 1 + \frac{2R_{30}}{R_{29}} \tag{3-6}$$

式中　R_{29}——R29 的电阻值；

　　　　R_{30}——R30 的电阻值。

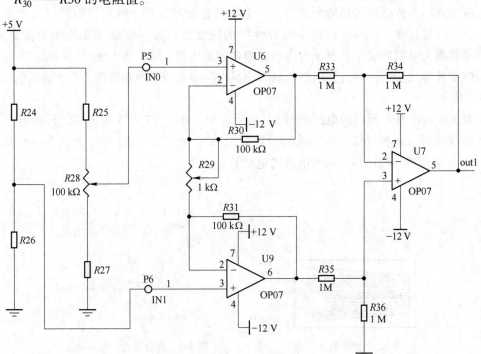

图 3-4　仪表放大电路原理图

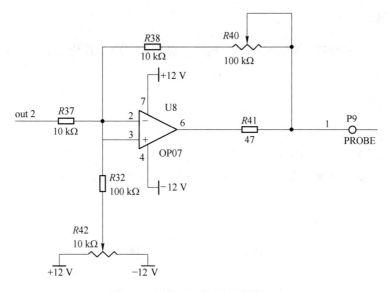

图 3-5 反相比例放大电路原理图

应变式压力传感器的技术指标见表 3-2。

表 3-2 应变式压力传感器技术指标

规 格	单 位	技术指标	备 注
量程	kg	5	
综合精度	%FS	0.03	
输出灵敏度	mV/V	2±0.05	
非线性	%FS	0.02	
滞后	%FS	0.02	
重复性	%FS	0.02	
蠕变	%FS	0.02	30 min
零点漂移	%FS	0.02	120 min
零点温度漂移	%FS/10 ℃	0.02	
灵敏度温度漂移	%FS/10 ℃	0.02	
零点输出	%FS	±1	
输入阻抗	Ω	415±15	
输出阻抗	Ω	350±3	
绝缘阻抗	MΩ	≥5000	50VDC
推荐激励电压	V(DC/AC)	10	
最大激励电压	V(DC/AC)	15	
补偿温度范围	℃	−10~40	
工作温度	℃	−20~60	
安全超载	%FS	150	
极限载荷	%FS	300	

实验设备及材料

开放式传感器实验箱、K 型热电偶、热源、温度计、应变式传感器、1 盒砝码、连接线若干、万用表。

实验方法及步骤

1. 光敏电阻实验

（1）根据图 3-6 用连接线在实验箱上搭建光源电路，利用 100 kΩ 电位器调节高亮LED 发光管的亮度，接通电源。调节电位器，观察 LED 发光管的亮度变化情况。

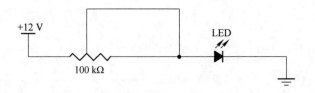

图 3-6　光源电路

（2）根据图 3-7 在实验箱上连接好电路（光敏电阻无极性），检测无误后打开电源。

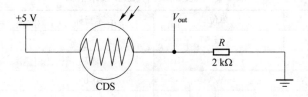

图 3-7　光敏电阻测量电路

（3）拔掉+5 V 连接线，测量电阻值（通电状态时不能用万用表测试电阻值，易损坏万用表）。

（4）再接入+5 V 连接线，测量此时 V_{out} 电压值，记录测量数据。

2. K 型热电偶的特性及温度测量

（1）按照原理图（图 3-1），用连接线搭建电路，仔细检查接线，确保无误。

（2）将 K 型热电偶靠近热源，调节 W1 电位器，使运放输出电压满足放大要求，输出电压随温度有明显的变化。

（3）调节热源温度，用万用表测量 V_{out} 端电压值，并记录当前热源温度。

3. 全桥称重实验

（1）根据图 3-8，传感器中各应变片上的 R1、R2、R3、R4 接线颜色分别为绿色、黑色、红色、蓝色（备注：以上引线颜色以有插针的一端颜色为准），可用万用表测量同一种颜色的两端来判别，其中 $R_1 = R_2 = R_3 = R_4$。

（2）根据图 3-4，将应变式传感器的红色、白色线连接的应变片接入电路板上的 $R24$、$R27$，将黄色、蓝色线连接的应变片接入电路板上的 $R25$、$R26$，构成一个全桥电路。检查接线无误后，接通电源。使用万用表测量 IN0 与 IN1 之间的电压，调节电位器 $R28$

（100R 电位器），使 IN0 与 IN1 之间的电压差为零，这一步称为电桥调零。

（3）将仪表放大电路的输出端接到反相比例放大电路的输入端，用万用表测反相比例放大电路的输出端电压。根据仪表放大电路的增益计算公式，可以知道，在前级由 3 个运放组成的放大器中，由于 $R30$ 已经固定，放大器的放大系数由 $R29$（1 kΩ 电位器）决定，当 $R29$ 趋于 0 时，放大系数最大。这时放大器的输出电压约

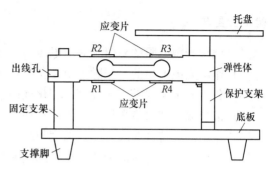

图 3-8　应变式压力传感器安装示意图

为电源电压（其极性取决于 IN0 与 IN1 的电位差极性）。为确定具体的放大系数和避免放大器的饱和输出，这里可以先将 $R29$ 逆时针调节至顶，其阻值大约为 1 kΩ。因此，前置放大器的放大系数约为 201，后级的反相比例放大电路的放大系数由 $R40$（100 kΩ 电位器）决定。为确定反相比例放大器的具体的放大系数和避免反相比例放大器的饱和输出，此时将 $R40$ 逆时针调节至顶，其阻值大约为 0 Ω，后级的放大系数约为 1。由于引入了两级放大器，在调整时，增加了不确定性。因此，在调节之初，先将前级的电位器调整到最大，后级的电位器调整至最小，以固定两级的放大系数。

（4）直接使用万用表测量反相比例放大电路的输出端电压。调节 $R42$（10 kΩ 电位器），使输出电压为零，称为输出调零。

（5）完成以上步骤后，整个电桥电路完成了初始调整工作，可以进行下一步的称重实验。放置 100 g 砝码到桥臂托盘，观察电压的变化量。如果电压变化量非常小，那么先顺时针调节电位器 $R40$，改变后级放大电路的增益（放大系数），使变化量在 200 mV 左右即可。请注意，当改变 $R40$ 的阻值时，$R42$ 的阻值也要再次调整，才能满足反相比例放大电路输出为零的要求。如果调整 $R40$ 的阻值，输出的电压变化量仍然无法满足要求，将 $R40$ 顺时针调节至顶，再调节 $R29$，使输出电压的变化达到要求。请注意，当改变 $R29$ 的阻值时，$R42$ 的阻值也要再次调整，才能满足反相比例放大电路输出为零的要求。调节的 $R29$、$R40$ 值固定不变，方便与后面的实验数据进行比较。

具体的调节思路：先固定两级，如不满足要求，调节后级；仍不满足，固定后级至最大，调节前级。

（6）重复实验步骤（3），调节电位器 $R40$，改变 100 g 砝码对应的电压变化量的值，比如 Δ200 mV/Δ100 g，Δ500 mV/Δ100 g，Δ2 V/Δ100 g。充分理解各个电位器在电路中的作用。

由于电桥与电路板之间的连接采用的是插线方式，若不仔细操作，容易引起接触不良，具体表现为电桥无法调零。其原因是电桥与电路板之间的接触电阻影响了电桥平衡。如无法调零，请着重检查电桥与电路板之间的连接。

电路板上的电位器采用的都是优质电位器，同一方向上即使反复拧也不容易损坏，因而造成了一种假象，认为电位器无法拧到最大值或最小值。当电位器拨动到一端的顶点时，它会发出"喀喀"的响声，表示电位值已经为最大值或最小值。

实验报告要求

（1）记录光敏电阻的阻值和对应电压。

（2）作出光敏电阻的电压随电阻变化的曲线图。

（3）分析光敏电阻随光照强度的变化规律，验证光敏电阻是否满足伏安特性。

（4）记录温度和对应电压。

（5）作出温度特性曲线，验证温度与电压是否呈线性关系。

（6）分析温度随电压的变化规律，总结 K 型热电偶的温度特性。

（7）记录全桥测量时输出电压和对应砝码的值。

（8）作出测量电压与对应砝码的曲线，验证电压与质量是否呈线性关系。

实验 3-2　液压传动及控制实验

实验目的

（1）了解液压传动系统的组成；

（2）掌握常用液压元器件的工作原理，常用液压元器件包括溢流阀、三位四通电磁换向阀、调速阀等；

（3）掌握可编程控制器 PLC 外部接线电路连接方法，能够搭建简单的控制系统外围电路；

（4）通过液压缸的往复运动，了解压力控制、速度控制和方向控制。

实验原理

本实验使用的主要液压元器件有齿轮泵、溢流阀、调速阀、三位四通电磁换向阀、液压缸等透明液压元器件，实验过程中能够直观地观察液压元器件的基本构成和工作状态。

1. 齿轮泵基本原理

外啮合齿轮泵由一对齿数相同的渐开线齿轮、传动轴、轴承和客体组成。当齿轮泵工作时，外部电机带动主动齿轮，主动齿轮带动被动齿轮按照图 3-9 所示旋转，齿轮与客体配合把齿轮泵的内部型腔分成左右两个密封的油腔。当齿轮旋转时，轮齿从右侧退出啮合，右侧的封闭腔容积增加，形成局部真空，通过吸油管将油箱中的油吸入吸油腔。两齿轮在左侧进入啮合，齿谷被对方的轮齿填充，排油腔的容积变小，左油腔的油压升高，油从排油口排出。齿轮在外部动力的带动下不断旋转提供液压动力。

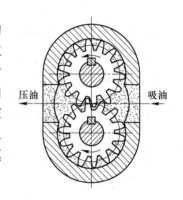

图 3-9　外啮合齿轮泵工作原理

齿轮泵的排量相当于一对齿轮的齿间容积之和。近似计算时可假设齿间的容积等于轮齿的体积，且不计齿轮啮合时的径向间隙。齿轮泵的排量为

$$V_b = \pi Dhb = 2\pi z m^2 b \tag{3-7}$$

式中　D——齿轮分度圆直径，$D = mz$；

　　　h——有效齿高，$h = 2m$；

　　　b——齿轮宽；

　　　z——齿轮齿数；

　　　m——齿轮模数。

齿轮泵的流量为

$$q = V_b n_b \eta_{bv} = 2\pi z m^2 b n_b \eta_{bv} \tag{3-8}$$

式中　n_b——齿轮泵转速；

　　　η_{bv}——齿轮泵的容积效率。

由于齿间的容积要比轮齿的体积稍大，需要引入修正系数对式（3-8）进行修正，因此修正后的齿轮泵的流量公式为

$$q = 2\pi k z m^2 b n_\mathrm{b} \eta_\mathrm{bv} \tag{3-9}$$

低压齿轮泵可选择 $2\pi k = 6.66$；高压齿轮泵可选择 $2\pi k = 7$。

2. 溢流阀工作原理

直动式溢流阀（图 3-10）是液压系统中压力控制阀的一种，是利用油液的压力与溢流阀中的弹簧力相平衡的原理工作的。当直动式溢流阀接入系统时，液压油就在阀芯上产生作用力，力的方向与弹簧力的方向相反，当进油口压力低于溢流阀的调定压力时，则阀芯不开启，进油口压力主要取决于外负载；当油液作用力大于弹簧力时，阀芯开启，油液从溢流口流回油箱。溢流阀中的弹簧力随着溢流阀开口量的增大而增大，直至与液压作用力相平衡。当溢流阀开始溢流时，其进油口处的压力基本稳定在调定值上，起到溢流稳压的作用。调压螺钉调节弹簧的预压缩量，可以调定溢流阀溢流压力值的大小。

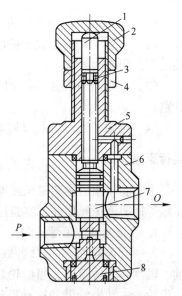

图 3-10   直流式溢流阀结构图

1—调节螺钉；2—螺帽；
3—调压弹簧；4—调压螺母；
5—阀体；6—阀座；7—阀芯；8—螺堵

除滑阀式结构，常用的还有锥阀型结构。锥阀型结构密封性好，但阀芯与阀座间的接触引力大，常作先导式溢流阀中调压阀、远程调压阀和高压阀使用。滑阀式阀芯用得较多，但其泄漏量较大。直动式溢流阀结构简单、灵敏度高，但压力受溢流流量变化影响较大，不适于在高压、大流量下工作。

当溢流阀稳定工作时，在不考虑重力和摩擦力的情况下油液作用力和弹簧力处于平衡状态，平衡公式为

$$p = \frac{F_\mathrm{s}}{A} = \frac{K(x_\mathrm{o} + \Delta x)}{A} \tag{3-10}$$

式中 p——作用在阀芯的油液作用力；

    F_s——弹簧力；

    A——阀芯截面积；

    K——弹簧的刚度；

    x_o——弹簧的预压缩量；

    Δx——弹簧的附加压缩量。

3. 调速阀基本原理

液压系统中执行元件运动速度由控制液压油的流量来实现，流量控制阀就是利用节流口通流截面的变化来调节液压油的流量，调速阀就是流量控制阀的一种，使用调速阀能够避免负载变化对执行元件速度的影响，保持调速阀前后压力差恒定不变。

图 3-11 所示为调速阀的工作原理图，调速阀由一个定差式减压阀串联一个普通节流阀组成。

进油口处液压油以液压泵供给的压力 p_1 进入减压阀，其出口压力为 p_2，同时左右节流阀的入口压力，节流阀的出口压力 p_3 即调速阀的出口压力随之会发生变化。p_1 由溢流阀

调定，基本能够维持恒定压力，p_3 是由外部负载所决定的调速阀出口压力，其公式为

$$p_3 = \frac{F}{A_1} \tag{3-11}$$

调速阀进油口和出油口的压力差为

$$\Delta p = p_1 - p_3 = p_1 - \frac{F}{A_1} \tag{3-12}$$

式中　p_1——调速阀的进油口压力；

　　　p_3——调速阀的出油口压力；

　　　F——活塞上的负载；

　　　A_1——活塞的有效工作面积。

4. 三位四通电磁换向阀工作原理

三位四通电磁换向阀（图 3-12）由二位四通电磁换向阀和一个静止位置组成。三位四通电磁换向阀具有多种中位机能形式。三位四通电磁换向阀既可为滑阀式结构，也可为开关阀式结构。

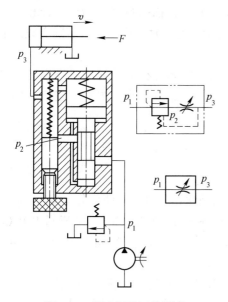

图 3-11　调速阀的工作原理

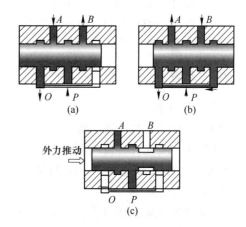

图 3-12　三位四通电磁换向阀工作原理
（a）正向工作位；（b）反向工作位；（c）静止位

三位四通电磁换向阀处于静止位置，如图 3-12（c）所示，此时进油口 P 与回油口 O 接通，而工作油口 A 和 B 关闭。由于液压泵出口油液流向油箱，所以这种工作位置称为液压泵卸荷或液压泵旁通。在液压泵卸荷情况下，其工作压力仅为三位四通电磁换向阀的阻力损失，这并不引起系统发热。

三位四通电磁换向阀向右换向，则进油口 P 与工作油口 A 接通，而工作油口 B 与回油口 O 接通，液压油流向为 $A \rightarrow B$，如图 3-12（b）所示；当三位四通电磁换向阀向左换向，则进油口 P 与工作油口 B 接通，工作油口 A 则与回油口 O 接通，液压油流向为 $B \rightarrow$

A，如图 3-12 (a)所示。

　　5. PLC 控制原理

　　液压传动是机械能转化为压力能，再由压力能转化为机械能而做功的能量转换装置。油泵产生的压力大小取决于负载大小。而执行元件液压缸按工作需要通过控制元件的调节，提供不同的压力、速度及方向，本实验中使用 PLC 对液压执行元件进行控制实验。

　　PLC 采用"顺序扫描，不断循环"的方式进行工作。即在 PLC 运行时，CPU 根据用户按控制要求编制好并存于用户存储器中的程序，按指令步序号（或地址号）作周期性循环扫描，如无跳转指令，则从第一条指令开始逐条顺序执行用户程序，直至程序结束。随后重新返回第一条指令，开始下一轮新的扫描。在每次扫描过程中，还要完成对输入信号的采样和对输出状态的刷新等工作。

　　PLC 的一个扫描周期必经输入采样、程序执行和输出刷新 3 个阶段。

　　（1）输入采样阶段。首先以扫描方式按顺序将所有暂存在输入锁存器中的输入端子的通断状态或输入数据读入，并将其写入各对应的输入状态寄存器中，即刷新输入。随即关闭输入端口，进入程序执行阶段。

　　（2）程序执行阶段。按用户程序指令存放的先后顺序扫描执行每条指令，经相应的运算和处理后，其结果再写入输出状态寄存器中，输出状态寄存器中所有内容随着程序的执行而改变。

　　（3）输出刷新阶段。当所有指令执行完毕后，输出状态寄存器的通断状态在输出刷新阶段送至输出锁存器中，并通过一定的方式（继电器、晶体管或晶闸管）输出，驱动相应输出设备工作。

实验设备和方法

　　1. 实验设备

　　（1）THPYC-1B 型透明液压与 PLC 实训装置，由液压站和分台架两部分组成。

　　液压站主要元件有齿轮泵（4 mL/r），电机（960 r/min、0.75 kW），溢流阀 P-B10B（2.5 MPa、10 L/min），三位四通电磁换向阀（10 L/min），单向节流阀 LI-10B（6.3 MPa、10 L/min）。

　　实训台架正面的铝合金槽上可随意安置透明液压件及管道，并配有电气控制单元：PLC 主机模块及控制按钮模块、直流继电器模块及时间继电器模块、电源模块等。

　　使用透明液压元件及管道能够清晰观察液压件的内部结构，系统工作时元件的动作、管道中油的流向能清楚显示。

　　（2）微型计算机。

　　（3）万用表。

　　（4）扳手、螺丝刀、电线等。

　　2. 实验方法

　　在实验教师的指导下根据液压系统原理图搭建液压传动系统，根据控制原理图搭建液压控制电路，开启实验装置，观察液压控制电路部分工作是否符合设计要求，观察溢流阀、减速阀、三位四通电磁换向阀和行程开关的工作原理。

实验步骤及注意事项

1. 操作步骤

（1）搭建液压传动系统。准备实验用液压元件，实验需要的液压元件有液压站、溢流阀、调速阀、三位四通电磁换向阀、压力表、双向作用缸、ME-8108 行程开关、油管若干。

根据液压传动系统原理图（图 3-13）搭建液压传动系统，分析液压传动系统各零部件作用及工作状态。

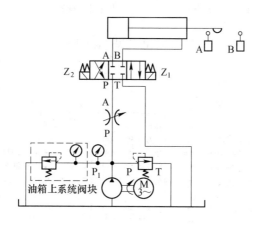

图 3-13　液压传动系统原理图

（2）搭建开关控制电路。根据该实验接线图（图 3-14）搭建电磁阀控制开关电路，实现三位四通电磁换向阀的双向运动控制。

进行手动控制实验，观察三位四通电磁换向阀的工作原理。

调节调速阀，查看液压缸的运动速度变化情况。

调节溢流阀，观察液压油表的压力变化情况。

（3）搭建 PLC 控制电路。掌握给出的 PLC 程序的工作原理（手动控制液压缸往复运动和液压缸自动往复运动），读懂 PLC 程序梯形图（图 3-15）。

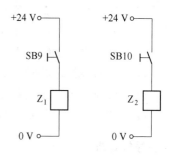

图 3-14　实验接线图

根据给出的 PLC 外部接线图（图 3-16）搭建 PLC 外围电路。

使用万用表检查搭建的电路，尤其防止电源短路情况。

进行手动控制液压缸往复运动实验，观察三位四通电磁换向阀工作现象，了解其工作原理。结合 PLC 程序观察 PLC 的输入、输出（IO）接口的输入、输出状态及输入、输出的逻辑关系。

进行自动控制液压缸往复运动实验，使用万用表测量三位四通电磁换向阀作用电压和工作原理。

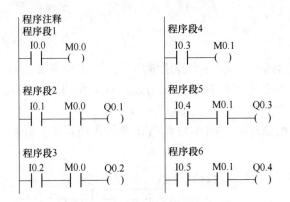

图 3-15　PLC 程序梯形图

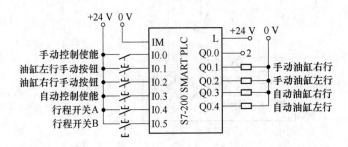

图 3-16　PLC 外围电路图

2. 注意事项

（1）实验前，检查设备并穿戴好防护服装，佩戴护目镜，穿好防护鞋。

（2）检查透明液压元器件是否有明显裂纹，部件是否齐全。

（3）液压系统油路接头一定要卡紧，防止液压泵启动后液压油溅射。

（4）连接控制电路时保证电源处于关闭状态。

（5）液压系统控制电路连接完成后认真检查，尤其是防止电源短路。

（6）实验结束后关闭控制系统电源和液压泵，然后拆卸液压油路和控制电路。

实验报告要求

（1）简述液压系统的基本构成。

（2）简述实验目的和步骤。

（3）画简图描述三位四通电磁换向阀的工作原理。

（4）列举你了解的液压系统应用范例。

实验 3-3　轧制力能参数综合测试

实验目的

（1）通过对实验轧机进行多参数的综合测定，加深对轧制工艺参数测定的认识；

（2）学习扭矩在线标定方法，进行一次现场测试的基本技能训练；

（3）了解计算机的测试采集系统。

实验原理

力能参数的测定如图 3-17 所示。

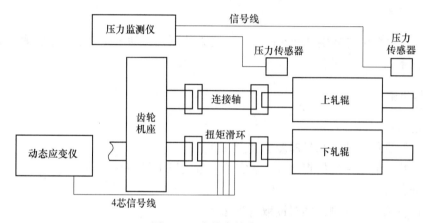

图 3-17　力能参数位置图

（1）轧制力测量。本实验的轧制力是通过压力监测仪的显示进行记录的：

$$P_总 = P_传 + P_自 \quad \text{kN} \tag{3-13}$$

（2）扭矩的测量。由于轧制设备为上下对称轧制，可设定上下扭矩是相等的，因此可通过测量下接轴扭矩得出总扭矩：

$$M_总 = 2 \times M_下 \tag{3-14}$$

（3）扭矩标定。根据应变仪给定应变法（电标法）得知，通过应变仪可使桥路产生应变信号输出，也就是给出一个已知标准的应变值 $\varepsilon_标$，可测出相应的电流输出值 $I_标$。

根据式（3-15）可计算出在给定应变值 $\varepsilon_标$ 时连接轴所需产生的相应力矩 $M_标$：

$$M_标 = \frac{0.2D^3\left[1 - \left(\dfrac{d}{D}\right)^4\right]E\varepsilon_标 \, k}{1 + \mu} \tag{3-15}$$

式中　D——连接轴外径，65 mm；

$\quad\quad d$——连接轴内径，45 mm；

$\quad\quad E$——弹性模量，$2.0 \times 10^6 \ \text{kgf/cm}^2$；

$\quad\quad \mu$——泊松比，0.28；

$\quad\quad \varepsilon_标$——给定应变值，$\times 10^{-6}$；

$\quad\quad k$——应变片导线修正系数，1.0。

力矩的标定系数 $K_标$：

$$K_标 = \frac{M_标}{4 \times I_标} \quad \text{kN} \cdot \text{m/mA} \tag{3-16}$$

$$M_下 = K_标 \times I_测 \quad \text{kN} \cdot \text{m} \tag{3-17}$$

再由 $N_总$ 可求出电机轴上的输出转矩 $Me_总$，公式如下：

$$Me_总 = 9554 \times \frac{N_总}{n} \times 10^{-3} \quad \text{kN} \cdot \text{m} \tag{3-18}$$

式中　$N_总$——轧机的总功率，kW；

　　　n——轧辊的转速，r/min。

实验仪器、设备

实验型二辊轧机（轧辊转速 6 r/min），测力监测仪，动态应变仪，毫安表，轧制工艺参数采集系统。

实验方法和步骤

（1）进行扭矩标定。

（2）取铝试件一块，测量厚度、宽度。

（3）计算轧制第一道的辊缝 S（本实验每道次压下量为 0.4 mm）。

（4）准备各种记录。

（5）进行第一道轧制，同时读取各种参数。

（6）调整辊缝压下 0.4 mm 后，重复轧制和记录参数。

（7）如此连续轧制共 6 道次。

（8）整理所记录的参数。

计算机采集系统

本实验只是要求学生对计算机采集系统在轧制参数测试中的作用有初步的了解和认识，了解它的主要硬件组成部分和软件具有的功能。

（1）硬件组成部分。采集系统配置如图 3-18 所示。

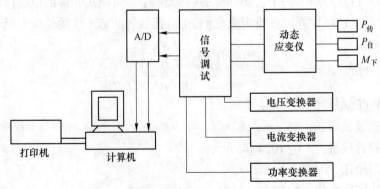

图 3-18　采集系统配置图

（2）软件应具有的基本功能。

1）各参数的采集和换算；

2）自动采集轧制过程参数；

3）参数的数值显示；

4）轧制过程参数曲线的显示；

5）自动存档，建立参数文件；

6）自动打印报表功能。

实验报告要求

（1）制作如表 3-3 所示的参数表格。

（2）分析 $Me_总$ 和 $M_总$ 的区别。

（3）作出扭矩标定曲线。

（4）轧制工艺参数动态过程分析。

表 3-3　参数记录表

序　号	H	h	$P_传$	$P_自$	$P_总$	$M_下$	$M_总$	$Me_总$	$N_总$
1									
2									
3									
4									
5									
6									

实验 3-4 板带轧制厚度和形状的检测与控制

实验目的

（1）了解板带轧制过程板厚控制的基本原理和控制方法；

（2）了解板带轧制过程板形控制的基本原理和控制方法；

（3）分析实验参数对板带轧制厚度与板凸度的影响规律。

实验原理

1. 板厚控制原理

厚度是板带材最主要的尺寸质量指标之一，厚度自动控制是现代化板带材生产中不可缺少的重要组成部分。

板带厚度偏差有两种：头部厚度偏差，主要由于精轧机组空载辊缝设置不当及同一批板料的来料参数（来料厚度 H、宽度 B、精轧入口温度 t）有所波动所引起；同板厚差，主要由板带通卷的头尾参数变动所引起。

（1）轧制过程中厚度变化的基本规律。带材的实际轧后厚度 h 与预调辊缝值 s_o 和轧机弹跳值 Δs 之间的关系可用弹跳方程描述：

$$h = s_o + \Delta s = s_o + \frac{P}{k_m} \tag{3-19}$$

由其绘成的曲线称为轧机弹性曲线，如图 3-19 曲线 A 所示，其斜率 k_m 称为轧机刚度，它表征使轧机产生单位弹跳量所需的轧制压力。

带钢实际轧出厚度主要取决于 s_o、k_m 和 P 三个因素。各种参数和条件对于轧后厚度的影响均是通过 s_o、k_m 和 P 这三个因素来体现的。

轧制时的轧制压力 P 是所轧带钢的宽度 B、来料入口与出口厚度 H 与 h、摩擦数 f、轧辊半径 R、温度 t、前后张力 σ_h 与 σ_H、变形抗力 σ_s 等的函数。

$$P = F(B,\ R,\ H,\ h,\ f,\ t,\ \sigma_h,\ \sigma_H,\ \sigma_s) \tag{3-20}$$

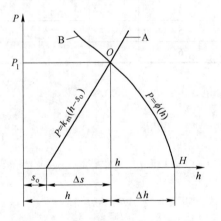

图 3-19 弹塑性曲线叠加的 P-h 图

式（3-20）为金属的压力方程，当 B、f、R、t、σ_h、σ_H、σ_s 及 H 等均为一定时，P 只随轧出厚度 h 而改变，从而可在图 3-19 图中绘出曲线 B，称为金属的塑性曲线，其斜率 M 称为轧件的塑性刚度，它表征使轧件产生单位压下量所需的轧制压力。A 与 B 相交于 O 点，其对应厚度为相应条件下轧机最小可轧厚度。

轧制过程中影响厚度变化的因素较多，除了辊缝和轧机刚度以外，其他因素主要通过影响轧制压力 P 来影响实际轧出厚度，各因素影响的基本规律如图 3-20 所示。

在实际轧制过程中，以上诸因素对带钢实际轧出厚度的影响不是孤立的，所以在厚度自动控制系统中应考虑各因素的综合影响。

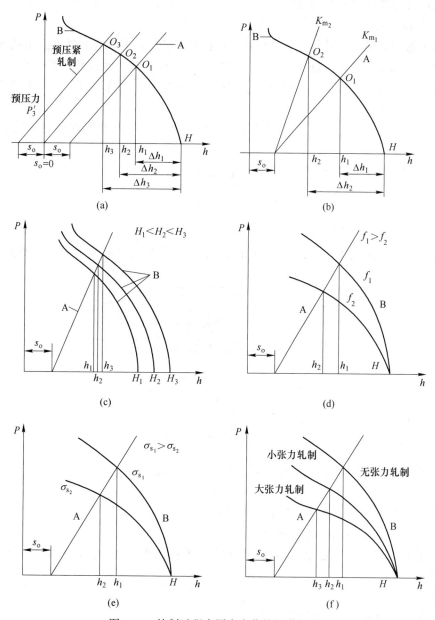

图 3-20 轧制过程中厚度变化的基本规律

（a）原始辊缝对轧出厚度的影响；（b）轧机的刚度系数的影响；（c）来料厚度的影响；
（d）摩擦系数的影响；（e）变形抗力的影响；（f）张力的影响

（2）板厚自动控制。为获得理想的厚度，钢板轧制过程均采用厚度自动控制。厚度自动控制是通过测厚仪或传感器（如辊缝仪和压头等）对带钢实际轧出厚度连续地进行测量，并根据实测值与给定值相比较后的偏差信号，借助于控制回路和装置或计算机的功能程序，改变压下位置、张力或轧制速度等，将厚度控制在允许偏差范围内的方法。实现厚度自动控制的系统称为"AGC"。

根据轧制过程中对厚度的调节方式不同，一般可分为反馈式、厚度计式、前馈式、张力式、液压式等厚度自动控制系统。

2. 板形控制原理

板形为板材的形状，具体指板带材横截面的几何轮廓形状和在自然状态下的表观平坦度。板形可以用来表征板带材中波浪形或瓢曲是否存在、大小及位置。除了平直度以外，与板形指标相关的重要特征值还有凸度、楔形、边部减薄、局部高度等，其中最为重要的就是凸度和平直度。

板带材轧制前后横截面几何形状如图 3-21 所示。相应的各种板形特征值表示方法如下：

（1）凸度：横截面中点厚度与两侧标志点的平均厚度之差：

$$CW = h_o - \frac{1}{2}(h_e + h_{e'}) \tag{3-21}$$

式中　h_o——横截面中点厚度；

　　e——25 mm 或 40 mm，即两侧标志点取距离边部 25 mm 或者 40 mm 处厚度。

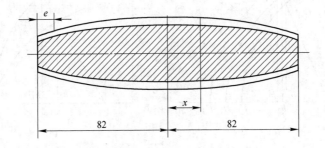

图 3-21　板带材轧制前后横截面几何形状

（2）楔形：横截面操作侧与传动侧边部标志点厚度之差：

$$CW_1 = h_e^E - h_o^E \tag{3-22}$$

式中　h_e^E——横截面操作侧边部标志点厚度；

　　h_o^E——横截面传动侧边部标志点厚度。

（3）边部减薄量：横截面操作侧与传动侧边部标志点与边缘位置厚度差：

操作侧：　　　　　　　　$E_o = h_e - h_{e'}$ （3-23）

传动侧：　　　　　　　　$E_M = h_o - h_{o'}$ （3-24）

其中，$e' = 5\text{mm}$，即边缘位置厚度。

（4）平坦度：即板带材表观平坦程度。板带材在自然状态下的表观平坦度如图 3-22 所示。由于在轧制过程及成品检验时采用的测量平坦度方法不同，因此有几种平坦度的定义：

1）平度（纤维相对长度）：即相对延伸差法。自由状态下在某一取向长度区间，某条纵向纤维沿板带表面的实际长度 L 对参考长度 L_0 的相对值。

设带钢平直部分的标准长度是 L_0，宽度方向上任意一点的波浪弧长为 L，则相对延伸差：

$$e_i = \frac{L - L_0}{L_0} = \frac{D_L}{L_0} \tag{3-25}$$

式（3-25）表示波浪部分的曲线长度对于平直部分标准长度的相对增长量。一般用带材宽度方向上最长和最短部分的相对长度差表示。

平度的量度用 I 表示，规定 10^{-5} 为一个 I 单位。

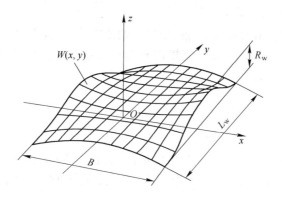

图 3-22　板带材在自然状态下的表观平坦度

2）波高：在自然状态下，板带材瓢曲表面上偏离检查平面的最大距离 H。

3）波浪度（陡度）：板带材波高 H 与 L_o 比值百分数，即：

$$s = \frac{H}{L_o} \times 100\% \qquad (3-26)$$

可作为带钢的静态平直度检查。

（5）板形分类以及板形缺陷产生的原因和影响因素。板形可分为以下几种：

1）理想板形：板带材横向内应力相等，切条后仍保持平整。

2）潜在板形：板带材横向内应力不相等，但由于轧件较"厚"，刚度较大，在张力作用下仍保持平整，可是切条后内应力释放出来，形状会参差不齐。

3）表观板形：板带材横向内应力的差值大，导致局部瓢曲或波浪。适当增加张力可使其减弱，甚至转化为"潜在板形"。

4）双重板形：既存在潜在板形，又存在表观板形。板形缺陷产生原因可从以下两个方面分析：

① 沿板宽方向各点延伸不一样。在轧制过程中，塑性延伸（或加工率）若沿横向处处相等，则产生平坦板形；相反则产生不同形状的板形。假设沿板宽方向将带钢分成若干个自由活动的小长条，由于在生产中各部分的延伸不一样，而实际上带钢是一整体不可能单独延伸，由于延伸不同而产生内应力，在纵向压应力作用下，而且在轧件较薄时，轧件失稳而形成瓢曲或波浪形。

② 从力学条件分析，则是轧后带钢沿板宽方向残余应力分布不均。当残余应力差达到某一临界点即发生翘曲而出现板形不良。

造成轧制过程横向加工率不同的原因主要有：变形区辊缝的形状不同，以及来料的板形较差。板形控制的实质也是对辊缝的控制，板形控制必须是沿带材宽度方向辊缝曲线的全长。影响板形的主要因素有以下几个方面：轧制力的变化、来料板凸度的变化、原始轧辊的凸度、板宽度、张力、轧辊接触状态、轧辊热凸度的变化。轧制过程中有载辊缝的变化会引起轧件残余应力分布的不同，从而造成各种不良板形。

（6）板形控制。板形控制的实质就是对承载辊缝的控制，为了得到高质量的轧制带材，必须随时调整轧辊的辊缝去适合来料的板凸度，并补偿各种因素对辊缝的影响。

对于不同宽度、厚度、合金的带材只有一种最佳的凸度，轧辊才能产生理想的目标板形。辊缝控制方法分为两大类：

1）柔性辊缝控制：增大有载辊缝凸度的可调范围，如 CVC、PC 轧机。

2）刚性辊缝控制：增大有载辊缝横向刚度，减小轧制力变化时对辊缝的影响，如 HC 轧机。

实验设备与材料

（1）实验设备：实验用冷轧机。

（2）实验材料：厚度为 2.5 mm 和 3.0 mm、宽度为 150 mm、长度为 300 mm 的 SPHC 热轧带钢，以及厚度为 2.5 mm、宽度为 150 mm、长度为 300 mm 的 Q345 热轧低合金钢。

实验方法和步骤

（1）启动轧机，设定不同初始辊缝大小，如 2.5 mm、2.3 mm、2.0 mm，将厚度为 3.0 mm 的 SPHC 钢板从轧机入口侧送入进行轧制，根据轧制压力和轧后轧件厚度，计算轧机刚度，并分析原始辊缝大小对于轧件厚度的影响。

（2）依次设定辊缝为 2.0 mm、1.4 mm、1.0 mm、0.6 mm、0.3 mm，将厚度为 3.0 mm 的 SPHC 钢板从轧机入口侧送入进行轧制，根据轧制压力和轧后轧件厚度，计算 SPHC 钢板塑性刚度，确定最小可轧厚度。

（3）设定初始辊缝大小为 2.0 mm，分别将厚度为 2.5 mm 和 3.0 mm 的 SPHC 钢板从轧机入口侧送入进行轧制，分析原始坯料厚度对于轧件厚度的影响。

（4）依次设定辊缝为 2.0 mm、1.4 mm、1.0 mm、0.6 mm、0.3 mm，分别在无润滑和有润滑条件下，将厚度为 3.0 mm 的 SPHC 钢板从轧机入口侧送入进行轧制，分析摩擦系数对于轧件厚度的影响。

（5）设定初始辊缝为 2.0 mm，分别将厚度为 3.0 mm 的 SPHC 钢板和 Q345 钢板从轧机入口侧送入进行轧制，分析原材料变形抗力对于轧件厚度的影响。

（6）测量轧后轧件中心位置厚度和两侧标志点（$e = 25$ mm）厚度，计算板凸度，并分析上述工艺参数对于板凸度的影响。

（7）整理实验数据，分析实验结果。

实验报告要求

（1）计算轧机刚度和 SPHC 轧件的塑性刚度。

（2）分析原始辊缝、摩擦润滑条件、原材料厚度和变形抗力对于轧件厚度的影响。

（3）计算不同条件下板凸度，分析各因素对于板凸度的影响。

实验 3-5　拉拔变形区形状在线测量与控制

实验目的

（1）了解无模拉拔变形的基本原理和操作方法；

（2）了解无模拉拔变形区形状在线测量以及反馈控制原理；

（3）分析实验参数对无模拉拔变形区形状的影响规律。

实验原理

1. 无模拉拔的原理

无模拉拔技术是一种不采用传统模具而进行金属塑性成形加工的方法，在工件两端施加一定张力的同时对工件的局部进行加热和冷却，使张力所引起的变形集中在变形抗力较小的局部高温区，从而获得恒截面或变截面产品。

本实验采用的连续式无模拉拔工艺原理如图 3-23 所示，加热与冷却装置固定，坯料的一端以速度 v_i 进料，另一端以速度 v_o 拉拔。由于 $v_i < v_o$，在工件轴向产生拉拔力 F 被加热部分坯料的变形抗力减小，产生颈缩，随着坯料不断进给，颈缩连续扩展，最终得到预期的塑性变形。

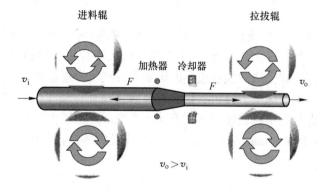

图 3-23　连续式无模拉拔成形工艺原理

当成形过程稳定时，由于单位时间内流入变形区的金属体积与流出变形区的金属体积相等，可计算变形后坯料的断面收缩率：

$$\psi = 1 - \frac{v_i}{v_o} \tag{3-27}$$

无模拉拔工艺中加热方式有多种，常见的有感应加热、气体加热、电阻加热、激光加热、等离子加热。其中，感应加热具有加热效率高、表面氧化不严重、不脱碳、能精确控制加热温度、成本低等优点，是目前较为普遍使用的一种加热方式。冷却方式包含液体（水、油）和气体（空气、二氧化碳、惰性气体）等多种方式。

2. 无模拉拔变形区形状在线测量原理

无模拉拔成形后线材尺寸的均匀性是一个重要的质量参数，受成形过程中变形区形状的影响显著。无模拉拔成形的关键是基于前一时刻线材变形区形状的数据通过反馈控制，在线实时调整工艺参数（包括拉拔速度、进料速度、冷却水流量、冷热源之间的距离及加热区宽度等），以控制线材变形区的形状。因此，变形区形状在线精确测量是无模拉拔制备高质量金属线材的重要因素。

本实验采用基于机器视觉的无模拉拔变形区形状在线测量系统。变形区形状的在线测量采用机器视觉方式，以弥补传统激光测径仪只能测量单点位置直径的缺点，实现整个变形区形状的在线测量，其基本结构如图 3-24 所示。

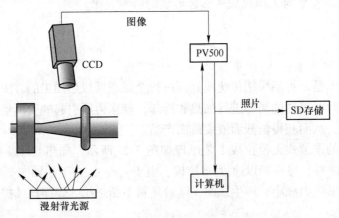

图 3-24　基于机器视觉的线材直径测量系统示意图

漫射背光源和面阵 CCD 摄像机分别置于被测线材两侧，面阵 CCD 摄像机光轴垂直于漫射背光源和被测线材的轴向。面阵 CCD 摄像机将采集的图像数据流实时传送至图像处理装置，经图像处理装置完成对线材边界的识别和各测量位置直径的计算，将变形区内轴向各设定位置的直径值传送至上位机，仅在需要时将照片存储于 SD 卡内，以提高数据通信速度。为使测量点分布足以描述变形区形状，对变形区范围内的多个轴向位置进行直径测量，距离冷却装置 0.5 mm 处标记为 X_0，总共设定 50 个直径测量位置，如图 3-25 所示。

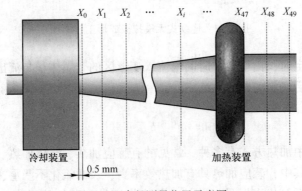

图 3-25　直径测量位置示意图

在漫射背光源照射下，变形区低温部分形成暗区，产生反差，形成可检测的图像边缘。变形区高温部分亮度高于漫射背光源背景，产生反差，形成可检测的图像边缘（见图 3-26）。变形区范围内的温度场沿轴向连续，因此拍摄的图像中相应的灰度值沿轴向也连续变化。因此在轴向上总存在部分线材成形图像的灰度值与背景相同，同时，其附近区域的线材灰度值与背景灰度值差值小于边界识别条件中的阈值，系统判断认为该处不存在边界。为此，需要采用一定的插值方法对该部分区域变形区形状进行平滑连接。

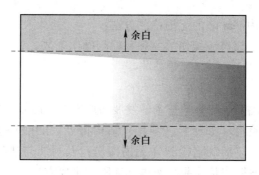

图 3-26　CCD 采集的一帧图像

实验设备与材料

（1）实验设备：无模拉拔成形实验设备、配备工业 CCD 摄像机（Panasonic ANPVC1210）和图像处理装置（Panasonic PV500）。

（2）实验材料：φ6.0 mm×400 mm 的纯铜、316L 不锈钢、Ni-Ti 合金线材。

实验方法和步骤

（1）准备好金属线材，将线材穿过感应加热线圈和安装在无模拉拔设备的进料机构和拉拔机构上，保证线材轴线和感应加热线圈轴线重合。

（2）打开无模拉拔设备电源开关，启动工业 CCD 摄像机和图像处理装置。

（3）对系统设定不同的拉拔速率和进料速率，启动无模拉拔进料机构、拉拔机构、感应加热装置和冷却装置，进行无模拉拔实验。

（4）无模拉拔实验过程中在线测量线材在变形区的直径，并保存数据。

（5）提取实验数据，分析实验结果。

实验报告要求

（1）对于相同的断面收缩率，采集纯铜、316L 不锈钢、Ni-Ti 合金线材的变形区形状。

（2）对于 316L 不锈钢，采集不同断面收缩率时的变形区形状。

（3）通过游标卡尺离线测量变形区不同位置的直径，绘制变形区形状，与以上在线采集结果进行对比。

实验 3-6　金属内部缺陷无损检测（射线探伤、超声波探伤）

实验目的

（1）掌握金属材料内部缺陷的无损检测方法；

（2）了解射线探伤、超声波探伤的原理和检测操作工艺。

实验原理

无损检测是随着现代工业和科学技术的发展而形成的一门新兴的、独立的综合性应用技术，即在不破坏被检验物（如材料、零件、结构物等）的前提下，掌握其内部状况的现代检验技术。无损检验包括缺陷检测（无损探伤）及材质与热处理质量无损检测两个方面。射线探伤与超声波探伤是检测金属内部缺陷的主要方法。

1. 射线探伤

射线探伤方法包括射线照相法、荧光屏显示法、电视观察法及计数管检测法等。检测用的射线有 X 射线、γ射线以及各种加速器发出的高能射线。目前应用最广泛的是 X 射线照相法。

（1）射线照相法原理。用射线照射工件时，由于工件完好部位与有缺陷部位对射线能量的吸收程度不同，因此，用感光胶片记录透过工件的射线即可获得缺陷部位的阴影图像。

透过试样的射线强度由基本衰减定律决定，即

$$I = I_0 e^{-\mu x} \tag{3-28}$$

式中　I——透射强度；

　　I_0——入射强度；

　　x——试件厚度；

　　μ——衰减系数。

质量衰减系数 μ_m 与 μ 之间的关系为

$$\mu_m = \mu / \rho \tag{3-29}$$

式中　ρ——材料密度。

散射比 K 为

$$K = I_s / I_P \tag{3-30}$$

式中　I_s——透过工件后的散射强度；

　　I_P——透过工件后的二次射线强度。

辐射衬度比 K_{SP} 为

$$K_{SP} = \mu / (1 + K) \tag{3-31}$$

几何不清晰度用半影宽度 μ_g 表示，即

$$\mu_g = db(f - b) \tag{3-32}$$

式中　d——射线源尺寸（焦点）；

　　b——从工件表面到胶片的距离；

　　f——从射线源到胶片的距离（焦距）。

底片黑度 D 的定义为

$$D = \lg(I_0/I_r) \tag{3-33}$$

式中　I_0——入射强度；

　　　I_r——光透过底片时的强度。

总不清晰度 μ_t 与几何不清晰度 μ_g 及胶片固有不清晰度 μ_i 的关系为

$$\mu_t^2 = \mu_g^2 + \mu_i^2 \tag{3-34}$$

工业 γ 射线探伤的 γ 射线源为 ^{60}Co 和 ^{192}Ir，将 ^{137}Cs 用于工业照相的技术已日趋淘汰。

射线穿透力用半价层厚度，即使射线强度减至一半时吸收体厚度衡量。对于单色 X 射线，有

$$\Delta = 0.693/\mu \tag{3-35}$$

式中　μ——线吸收系数。

（2）射线照相检验过程。图 3-27 为射线照相检验的基本过程。

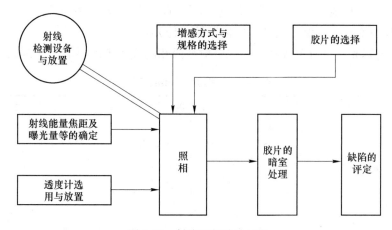

图 3-27　射线照相检验过程

（3）透度计（像质计）与灵敏度。采用透度计（像质计）测量射线照相灵敏度。我国主要采用线型像质计（金属丝透度计），其型号与规格应符合 GB/T 3323—2019《焊缝无损检测　射线检测》的规定。

GB/T 3323—2019 规定用像质指数作为使用像质计衡量透照技术和胶片处理质量的数值，等于底片上能识别出的最细钢丝的线编号。应将像质计放在工件最不易发现缺陷的位置上。

GB/T 3323—2019 规定线型像质计应放在射线源一侧的工件表面上被检焊缝区的一端（被检区长度的 1/4 部位），钢丝应横跨焊缝并与焊缝方向垂直，细钢丝置于外侧。当射线源一侧无法放置像质计时，也可放在胶片一侧的工件表面上，但应进行对比实验，使实际像质指数值达到规定的要求。

采用射线源置于圆心位置的周向曝光技术时，像质计应放在内壁，每隔90°放一个。

（4）摄照规范。

1）射线能量选择。射线能量的选择与透照厚度有关。一定管电压的 X 射线可透照厚度极限与胶片种类及增感方式有关。

射线能量的选择与透照灵敏度有关。射线能量增加，则衰减系数 μ 与散射比 K 均减小，但 μ 与 K 对辐射衬度比 K_{SP} 的影响相反，而且影响的主次程度随工件厚度的不同而不同。

为了保证灵敏度，选择射线能量的原则是：检测工件厚度较小时，在能穿透的情况下尽可能选择较弱的射线能量；而检测工件厚度较大时，要尽可能选择较强的能量。

2）射线源大小（焦点）与焦距。当射线源尺寸 d 一定时，根据规定的几何不清晰度要求由有关公式确定焦距 f 最小值。

GB/T 3323—2019 规定用诺模图确定焦点至工件的距离（L_1），并提供了诺模图及工件表面至胶片距离（L_2）与 L_1/d 最小值的关系图（d 为射线源有效焦点尺寸）。可通过 X 射线管辐射角改变射线的有效焦点尺寸。

3）增感屏。射线照相时增感屏除增加胶片感光速度外还影响照相灵敏度。GB/T 3323—2019 规定采用金属增感屏或不用增感屏，在个别情况下，可使用荧光增感屏或金属荧光增感屏，但只限于 A 级。使用增感屏时，胶片与增感屏必须紧贴在一起。在真空中，包装底片与增感屏是保证二者良好接触的最佳方式。

4）胶片与曝光量。有关标准、法规对射线照相的底片黑度要求如表 3-4 所示。

表 3-4　规定的底片黑度范围

标　准	射线种类	底片黑度 D		灰雾度 D_0
GB/T 3323—2019	X 射线	A 级	1.2~3.5	≤0.3
		AB 级		
		B 级	1.5~3.5	
	γ 射线			
ASME	用于 X 射线，黑度≥1.8；用于 γ 射线，黑度≥2；用于多片技术，黑度≥1.3；最大黑度≥4			
ISO/DIN（焊缝检验）	用于 A 级检验，黑度≥1.7；用于 B 级检验，黑度≥2；黑度上限无规定			
DIN（铸件检验）	用于 A 级检验，黑度≥1.5；用于 B 级检验，黑度≥2；用于多片技术的 B 级检验，黑度≥1.5；黑度上限无规定			

生产中根据实验制作的曝光曲线确定照相曝光量。曝光曲线表达被检验工件厚度-射线能量-曝光量（电流×时间）之间的关系。制作曝光曲线的原则是：按确定的曝光条件对不同厚度的各种工件进行曝光时，所获得底片黑度、灵敏度等必须满足标准规定。

被检验材料不同，曝光曲线也不同。以钢的曝光曲线为依据，其他材料曝光条件可通过等效系数折算。

为防止散乱射线对照相灵敏度的不利影响，采用下列方法进行照相保护：

1）用光阑或圆锥铅筒控制入射线束的照射范围（尽量使其只照射在探伤部位上）；

2）在底片背面及胶片不能与工件紧密接触部分的周围用铅板遮盖等。

胶片暗室处理包括显影、定影、冲洗和干燥，必须严格按照胶片说明书的规定进行。

（5）缺陷评定。依据底片评定缺陷。评片应在专用评片室进行。室内光线应暗淡，但不要全暗，室内照明用光不得在底片表面产生反射。观片时使用漫散的亮度足够且可调的观片灯，照明区域屏蔽至所需的最小面积。对底片质量，除要求能明显观察出有关标记符号，底片不应有药膜脱落、划痕及指纹等外，底片黑度与灵敏度应满足要求。不同尺寸的同种缺陷按有关标准规定进行折算，据此与不同质量等级规定的缺陷限量进行比较，从而评定等级。评定时注意辨认伪缺陷。底片上某些黑色痕迹并不是由于被检件中存在缺陷而形成的。

2. 超声波探伤

（1）超声波探伤原理。超声波探伤是利用人耳无法感觉到的高频声波（>20000 Hz）射入被检物，并用探头接收信号，从而检测出材料内部或表面缺陷的方法。探伤用超声波频率一般在 0.5~25 MHz 之间。

超声波波长 λ、频率 f 和传播速度 c 的关系为

$$\lambda = c/f \tag{3-36}$$

在气体和液体中只有纵波，纵波声速 c_1（m/s）为

$$c_1 = (K/\rho)^{1/2} \tag{3-37}$$

式中　ρ——气体（液体）的密度，kg/m^3；

　　K——气体（液体）的体积弹性模量，N/m^2。

声阻抗 Z 为

$$Z = \rho c \tag{3-38}$$

当声波由介质 1 垂直入射到介质 2 时，声能反射率 Z 为

$$Z = (Z_2 - Z_1)^2 / (Z_1 + Z_2)^2 \tag{3-39}$$

式中　Z_1，Z_2——介质 1 与介质 2 的声抗阻。

声能透射率 T 为

$$T = 4Z_1Z_2/(Z_1 + Z_2)^2 \tag{3-40}$$

声波以一定角度入射到两种介质界面时，产生波的反射与折射，并可能发生波形转换，波之间的角度和声速关系由斯奈尔定律表达，若入射波为纵波，则有：

$$\frac{\sin\alpha_1}{c_{11}} = \frac{\sin\gamma_s}{c_{s1}} = \frac{\sin\beta_1}{c_{12}} = \frac{\sin\beta_s}{c_{s2}} \tag{3-41}$$

$$\gamma_1 = \alpha_1 \tag{3-42}$$

式中　α_1——纵波入射角；

　　β_1，β_s——纵波折射角与横波折射角；

　　γ_1，γ_s——纵波反射角与横波反射角；

　　c_{11}，c_{12}——两种介质中纵波声速；

　　c_{s1}，c_{s2}——两种介质中横波声速。

若入射波为横波，则有

$$\frac{\sin\alpha_s}{c_{s1}} = \frac{\sin\gamma_1}{c_{11}} = \frac{\sin\beta_1}{c_{12}} = \frac{\sin\beta_s}{c_{s2}} \tag{3-43}$$

$$\gamma_s = \alpha_s \tag{3-44}$$

式中　α_s——横波入射角。

第一临界角为使纵波折射角等于90°时的纵波入射角（α_{1l}），有

$$\sin\alpha_{1l} = c_{11}/c_{12} \tag{3-45}$$

第二临界角为使横波折射角等于90°时的纵波入射角（$\alpha_{1\parallel}$），有

$$\sin\alpha_{1\parallel} = c_{11}/c_{s2} \tag{3-46}$$

超声波近场区（Fresuel 区）长度 N 为

$$N = D^2/(4\lambda) \tag{3-47}$$

式中　D——发射体（晶片）直径；

　　　λ——波长。

远场区（Franhofer 区）声束发散强度与距离平方成反比。发射体为圆形时，声束在远场区之半扩散角 θ_0（指向角）由式（3-48）决定，

$$\sin\theta_0 = 1.22\lambda/D \tag{3-48}$$

超声波在介质中传播会发生声强的衰减，其规律为

$$I = I_0 e^{-2\alpha\delta} \tag{3-49}$$

式中　I_0——超声波初始强度；

　　　I——超声波透过厚度 δ 为 6 cm 的介质时的强度；

　　　α——线衰减系数，Np/cm，1 Np/cm=868.6 dB/m。

用分贝值 $K_P(K_H)$（dB）表示衰减变化或放大率，即：

$$K_P = 20\lg(P/P_0) \tag{3-50}$$

$$K_H = 20\lg(H/H_0) \tag{3-51}$$

式中　P_0（或 H_0）——声压（或波高）的基准值；

　　　P（或 H）——声压（或波高）的测量值（或要求值）。

材料厚度等于半波长或其整数倍时，将发生共振，有

$$t = nc/(2f) \tag{3-52}$$

式中　t——共振厚度；

　　　c——声速；

　　　f——频率；

　　　n——整数。

表 3-5 所示为超声波探伤按不同方式分类简表，A 型脉冲反射探伤法是目前使用的主要方法。

表 3-5　超声波探伤分类简表

分类方法	分　　类
按原理分类	连续探伤（共振式、调频式及穿透式）与脉冲探伤
按显示方式分类	声响显示与光电显示（A 型、B 型、C 型与 3D 型）
按探头数分类	单探头、双探头及多探头探伤
按接触方式分类	直接接触法与水浸法探伤

（2）脉冲反射探伤法探伤过程与探伤条件。脉冲反射探伤法按超声波在介质中的传播方式分类及用途如表 3-6 所示。

表 3-6 脉冲反射探伤法分类

探伤方法	波 型	主 要 用 途
垂直探伤法	纵波	铸件、锻件及轧件等的内部缺陷检测，有时也用于焊缝及管件内部缺陷检测
斜角探伤法	横波	焊缝及管件等的内部缺陷检测
表面波探伤法	表面波	表面缺陷检测
板波探伤法	板波	薄板缺陷检测

1）探伤频率的选用。与探伤频率选择有关的因素较多。工件厚度大、工件形状不规则、表面粗糙、晶粒尺寸大、探伤灵敏度要求低及缺陷定位要求一般时，应选择较低频率；反之则应选择较高频率。待测缺陷与表面距离越近及对波束轴线越倾斜，则选择的探伤频率应越低。

2）探头晶片尺寸的选用。影响晶片尺寸选用的因素列于 3-7。

3）折射角的选用。横波探伤用斜探头主要采用 35°~70° 的折射角。管材探伤时，探头折射角 β 的选定应满足如下要求：

$$\beta < \arcsin\left(1 - \frac{2t}{\phi}\right) \tag{3-53}$$

式中　t——管材壁厚；

　　　ϕ——管材外径。

表 3-7 与探头晶片尺寸有关的因素

项 目	名 称	状 况	
	工件厚度	小	大
	可测距离	小	大
	探测面状况	不平整、不光洁	平整、光洁
影响因素	探测面曲率	大	小
	近距离覆盖范围	·小	大
	远距离覆盖范围	大	小
	缺陷反射波/底面反射波	大	小
选用晶片尺寸		小	大

4）耦合剂的选用。耦合剂的选用以保证良好的透声性为准则，应尽量选用其声阻抗与试件声阻抗相近的介质为耦合剂。

5）探伤灵敏度的选择与调节。探伤灵敏度是指在规定范围内对最小缺陷的检出能力，用规定范围内的标准反射值及衰减余量表示。

表 3-8 列出了调节灵敏度的两种方式对比。

表 3-8　调节灵敏度的方式

名　称	利用试块的方式	利用底面回波的方式
确定步骤	选择试块→探头在试块上放置、耦合→探伤仪灵敏度调节控制→试块人工缺陷回波达到规定高度	选择试件无缺陷部位的底面→探头在试件上放置、耦合→探伤仪灵敏度调节控制→底面回波达到规定高度→按验收标准规定的 dB 值或计算的 dB 值（当量法）增益或衰减
优缺点	可直观比较相互探伤的结果，当采用材质、厚度或表面粗糙度与试件不同之试块时需进行灵敏度调节修正	不用试块；厚度不足近场长度三倍、倾斜凹凸不平底面及截面小于波束截面的试件均不宜采用此法
应用范围	用于难以找到底面回波的探伤、斜角探伤	用于锻件等工件探伤，垂直探伤

底面反射波与同深度平底孔反射波的分贝差值为

$$G_\phi = 20\lg \frac{2\lambda s}{\pi \phi^2} \tag{3-54}$$

式中　λ——波长；

s——声程；

ϕ——要求发现的平底孔型缺陷的最小直径。

若要求发现横通孔型缺陷，则：

$$G_\phi = 10\lg \frac{2\lambda s}{\pi \phi^2} \tag{3-55}$$

式中　ϕ——要求发现的横通孔型缺陷的最小直径。

（3）缺陷定位。缺陷在工件中的位置由反射波在荧光屏上的位置确定。

垂直探伤法缺陷定位有

$$h = TL_F / L_B \tag{3-56}$$

式中　h——缺陷在试件中的位置；

T——试件厚度；

L_F——缺陷波位置；

L_B——波底位置。

斜角探伤法缺陷定位基本公式如下：

$$h = s\cos\beta \tag{3-57}$$

$$P = s\sin\beta \tag{3-58}$$

式中　h——缺陷至探测面垂直距离；

s——声程；

β——折射角；

P——缺陷至入射点水平距离。

对于斜角探伤，当缺陷位于半跨距以外，则按下述公式定位：

$$h_1 = 2T - s_1\cos\beta \tag{3-59}$$

$$h_{1.5} = s_{1.5}\cos\beta - 2T \tag{3-60}$$

$$h_2 = 4T - s_2\cos\beta \tag{3-61}$$

$$h_{2.5} = s_{2.5}\cos\beta - 4T \tag{3-62}$$

式中　　　　　　　T——试件厚度；

h_1，$h_{1.5}$，h_2，$h_{2.5}$——分别为 0.5 跨距至 1 跨距内、1 跨距外至 1.5 跨距内、1.5 跨距外至 2 跨距内及 2 跨距外至 2.5 跨距内缺陷至探测面垂直距离；

s_1，$s_{1.5}$，s_2，$s_{2.5}$——分别为与上述各跨距范围相应的声程；

β——折射角。

以上公式适用于平板试件。

（4）缺陷定量。用波高、当量或"指示长度"表达缺陷尺寸的各种缺陷定量方法如表 3-9 所示。

表 3-9　超声波探伤缺陷定量方法

分 类	方法名称	方 法 要 点	应用特点
波高定量法	缺陷回波高度法	以缺陷回波高度（绝对值法）或缺陷回波高度与屏高（饱和点高度）之比（相对值法）表示缺陷大小	不用试块，缺陷大小及探伤灵敏度均可在工件上确定，操作方便，（F/B）等比值不受探测面状态和耦合条件等的影响，但随灵敏度、探头尺寸与频率、缺陷测距等的变化而变化；仪器垂直线性良好时，距离-波幅曲线可直接绘制在荧光屏上，可直接读出缺陷大小；仪器垂直线性不佳时，则利用衰减器读数表示相对波高制作距离-波幅曲线
	底波高度百分比法	用缺陷回波与同时显示的试件底面回波高度之比（F/B）或缺陷回波与无缺陷部位底面回波高度之比（F/B₀）表示缺陷大小	
	距离波幅曲线法	用计算法或实测法绘制的距离-波幅（dB）曲线表达反射波高度随距离的变化（反射体一定时），该曲线一般由定量线、测长线和判废线组成	
当量定量法	当量试块比较法	相同测试条件下，缺陷回波与同声程的人工缺陷试块反射波高相同，则该人工缺陷尺寸即为缺陷当量	一般用于缺陷尺寸小于声束截面的场合，方法直观易懂，当量概念明确；当量试块比较法需制作大量人工缺陷试块，目前已很少使用；AVG 曲线法克服了需用大量试块的缺点，但限于测距大于三倍近场长度缺陷，且要求试件截面尺寸大于声束
	AVG 曲线法	预先利用计算法或实测法制作标准化距离 A、标准化回波高度 V 及缺陷标准化尺寸 G 关系曲线。按测得的缺陷距离及回波高度即可由 AVG 曲线确定缺陷当量位	
探头移动定量法	相对灵敏度测长法	使缺陷回波最大值为基准值，将其增益 6 dB，使缺陷回波再恢复到基准值的探头移动距离即为"缺陷指示长度"——6 dB 测长法。若增益为 10 dB、12 dB 等，则称为 10 dB 测长法及 12 dB 测长法等。从缺陷回波高度（最大值）开始到回波高度降低一半为止的探头移动距离作为"缺陷指示长度"——半波高度法	适用于缺陷尺寸大于声束截面的场合，相对灵敏度法以缺陷波高为基准，在测量不同长度缺陷时灵敏度相应有所变化；增益 dB 值愈大，愈能将短缺陷评价为长缺陷，6 dB 法得到较普遍应用；半波高度法与 6 dB 法实质相同，半波高度法操作简便，但对于垂直线性误差较大的仪器，宜用 6 dB 法
	绝对灵敏度测长法	在仪器灵敏度一定的情况下，缺陷回波高度降到规定位置时探头移动距离作为"缺陷指示长度"	绝对灵敏度测长法简单、直观，易用于自动探伤，但易产生缺陷定量过大或过小现象

AVG 曲线中标准化距离 A 为

$$A = x/N \tag{3-63}$$

式中　　x——声程；

　　　　N——近场区长度。

缺陷标准化直径为

$$G = d/D \qquad (3\text{-}64)$$

式中　　d——平底孔当量直径；

　　　　D——探头晶片直径。

距离-波幅曲线以所用探头和仪器在 CSK-ⅡA 或 CSK-ⅢA 试块上实测数据绘制而成。应用探头移动定量法定量时，平板试件中缺陷倾斜时，缺陷指示长度 L 按下式修正，即

$$L = l/\cos\phi \qquad (3\text{-}65)$$

式中　　l——探头移动距离；

　　　　ϕ——缺陷走向与探测面夹角。

对于圆柱体试件，缺陷指示长度 L 按下式修正，即

$$L = l(R - x)/R \qquad (3\text{-}66)$$

式中　　R——圆柱体试件半径；

　　　　x——缺陷距探测面深度。

检测空心圆柱体试件内孔缺陷时，缺陷指示长度 L 按下式修正，即

$$L = l(r + x)/r \qquad (3\text{-}67)$$

式中　　r——试件内孔半径。

（5）超声波探伤方法应用与比较。

应用超声波探伤方法可检测气孔、夹杂、裂纹、缩孔及未焊透等缺陷，用于锻件、轧制件、焊缝及铸件等的检验。最易于检出长度方向与超声波束方向垂直的缺陷。超声波探伤方法分类比较见表 3-10。

表 3-10　超声波探伤方法比较

探伤方法	显示缺陷的方式	优　缺　点
脉冲反射法	被检物中超声波脉冲在完整部位与缺陷的界面产生反射波，用示波管显示	仪器轻便，检验迅速，发现裂纹灵敏度高；直观性差，要求工件有较高表面质量，对检验人员技术要求高
连续发射法（投影法）	向被检物发射的超声波遇到缺陷后被界面反射，在缺陷背后形成声影	可检测的金属厚度大，对工件表面质量要求稍差；采用双探头，操作较复杂，缺陷尺寸小于波长则无法检出
超声波显像法（超声波显微镜法）	声影透过声透镜及图像变换器显示出内部缺陷图像	直观性好，分辨力差；设备较复杂，操作不便

实验设备及材料

X 射线探伤仪（1 台）、超声波分析仪（4 台）、示波器（8 套）、实验试样（3 块/组，共 6 组）。

实验内容与步骤

学生分为 6 个小组，按组领取实验试样。每组学生对试样进行缺陷检测。

（1）用 X 射线探伤仪进行缺陷检测，要求：

1）连接 X 射线探伤仪，进行参数调整；

2）用标准试样进行测试；

3）检测待测量试样，摄照完毕后分析缺陷大小、位置。

（2）用超声波检测，要求：

1）连接示波器，进行参数调整；

2）用标准试样进行测试；

3）检测待测量试样，并手绘出波形，计算缺陷大小、位置。

实验报告要求

（1）简述检测设备名称及用途。

（2）讨论超声波及 X 射线检测的实验方法。

（3）画出缺陷组织示意图，指出其大小、位置。

（4）综合实验分析：

1）常用的材料内部缺陷检测方法有哪些？说明各自的特点及应用范围。

2）钢中内部缺陷类别不同时对缺陷图像及检测灵敏度有何影响？

实验 3-7　金属表层缺陷无损检测（磁粉探伤、涡流探伤）

实验目的

（1）掌握金属表层缺陷无损检测方法；
（2）了解磁粉探伤、涡流探伤的原理与过程。

实验原理

用于表层缺陷无损检测的主要方法有磁粉探伤和涡流探伤。

1. 磁粉探伤

（1）磁粉探伤原理与过程。磁力探伤包括磁粉探伤、磁带录磁探伤及漏磁场探伤等。目前应用最广泛的是磁粉探伤。被检物在磁场中磁化后，缺陷部位产生漏磁场；在被检物表面撒上磁粉，缺陷处有磁粉附着，从而显示出缺陷。缺陷长度方向与磁场方向垂直是磁粉探伤的最重要条件。

磁场强度 H（A/m）与在材料中产生的磁通密度 B（T）的关系为

$$B = \mu H$$

式中　μ——磁导率，H/m。

在导体周围的磁场强度 H（A/m）为

$$H = 0.16I/r$$

式中　I——导体中电流，A；

　　　r——与导体的距离，m。

磁粉探伤操作过程如图 3-28 所示。

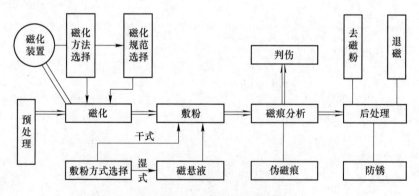

图 3-28　磁粉探伤操作过程

预处理即将被检工件表面的油脂、涂料及铁锈等去掉，以免影响探伤效果。此外要求试件表面干燥。

探伤过程中，如果前次磁化的残留剩磁可能影响磁痕分析，则在图 3-28 所示两次连续操作之间应对零件进行退磁。探伤后不允许有剩磁的零件也必须退磁。探伤后尚需经奥氏体化热处理的零件可不退磁。

退磁方法与电流种类有关。直流电：反复换向并逐渐减小磁化电流至零；退磁所用初始磁场强度大于或等于原来磁化力；对于大型零件，推荐使用直流退磁。交流电：以较小的分挡或连续减少磁化电流至最低的值。

（2）磁化方法。基本磁化方法见表3-11。按照被检工件形状和预计的缺陷选择磁化方法。当缺陷长度与磁场方向平行时，可能检测不到缺陷。一般说来，因为缺陷方向难以预料，故应对工件分别进行周向磁化和纵向磁化，以免漏检。

表3-11　磁化方法

分　类		名　称	要　点	应 用 特 点	
周向磁化	沿工件轴向建立磁场的方法	轴向通电法	电流直接通过工件	主要用于轴、杆类工件探伤	可以发现轴向（电流方向）或与轴向夹角小于45°的缺陷
		中心导体法	电流通过插入工件孔内的导体或电缆	主要用于管件及有孔形工件探伤	
		电极触点法（支杆法）	利用接触电极使电流通过工件被检部位	主要用于大型工件、焊缝等的局部表面探伤，通过触电位置移动可达到对整个工件探伤的目的	
纵向磁化	使磁力线平行于工件轴向的磁化方法	线圈法	用螺旋管线圈或绕在工件上的电缆通电磁化	主要用于轴、杆类零件探伤	可以发现与磁力线垂直或与磁力线夹角大于45°的缺陷
		电磁铁法（极间法）	零件置于电磁铁两极间，局部闭路磁化	主要用于大型工件、焊缝等的探伤	
		磁轭法	磁轭夹住工件，形成闭路磁化	主要用于中、小型工件或较短轴、杆类工件探伤	

为取得互相垂直磁场，可以采用复合磁化方法。复合磁化方法只适用于连续法。

采用旋转磁场探伤仪时，工件被旋转磁场磁化，磁化方向随时间变化而旋转，可检测工件各个方向的缺陷。旋转磁场磁化法主要用于焊缝和大型铸钢件的磁粉探伤。

在试件充磁状态下敷粉称为连续法，在试件充磁后敷粉的方法称为剩磁法。

采用交流磁化，则检出近表面缺陷能力差，而检出表面缺陷能力强。采用直流（或半波整流）磁化可检出近表面缺陷。

（3）磁化规范。可用灵敏度试片法确定磁化规范。

使用A型标准试片时，用连续法敷粉，根据显示的磁痕确定磁场方向，根据显示磁痕的标准试片的种类（板厚、槽深）估计磁场强度。

在选用不同检验方法和磁化方法时，零件被磁化后最终状态的磁性都应保持以下的磁感应强度：连续法为600~800 mT，剩磁法为800~1000 mT。

（4）探伤灵敏度。磁粉探伤灵敏度是指可发现表面或近表面缺陷的最小尺寸，即绝对灵敏度。

某些磁化方法可达到的灵敏度见表3-12。

表 3-12 探伤灵敏度

磁化方法	裂纹与未焊透等		发 纹	
	埋藏深度/mm	宽度/mm	埋藏深度/mm	尺寸/mm
直流电磁铁	≤2.5	0.01~0.2	≤1	宽 0.04~0.3；深 0.05~0.7
交流电磁铁	≤1.5	—	≤0.5	宽 0.03~0.04；深 0.05~0.7
交流电磁铁（剩磁法）	≤3	—	≤0.3	宽 0.3~0.4；深 0.05~0.7

磁粉探伤的灵敏度取决于磁粉或磁悬液的性质、磁化方法与规范、金属磁特性及缺陷的位置等。对于不同工件，相应的标准提出了不同的探伤灵敏度要求。实际探伤中，可采用灵敏度试片来验证被测工件是否达到探伤灵敏度的要求。

（5）磁粉与磁悬液。磁粉粒度应均匀，平均粒度为 5~10 μm，最大粒度最好小于 5 μm，荧光磁粉粒度为 2~5 μm。

表 3-13 所示为几种磁悬液的成分和配制方法。表 3-14 所示为荧光磁悬液成分。

表 3-13 磁悬液成分和配制方法

类 别	成 分	配制方法	应用范围
水磁悬液	甘油三酯肥皂[①]15~20 g，磁粉 50~60 g；水 1000 mL	先将甘油三酯肥皂放在少量温水中稀释，然后加入磁粉，在研体中研细，最后加水到 1000 mL	检验效果较油磁悬液好，但零件表面要预先清除油污
油磁悬液	1.60%变压器油+40%煤油，在 1000 mL 悬浮液中含 100 g 磁粉，1000 mL 变压器油中含 50 g 磁粉		在油中淬火的零件，如表面无严重氧化，可直接用此液检验
荧光磁悬液	荧光磁粉：磁粉56%，铁粉40%，荧光剂（蒽）4%，胶性漆每 100 g 混合物中为 40 g。水悬浮液：乳化剂 4%~5%（质量分数），亚硝酸钠 3%~4%（质量分数），荧光磁粉在每 100 mL 液体中为 15~20 g	各种粉粒的粒度为 3~5 μm，先将配好的磁粉用水调制，加入乳化剂和亚硝酸钠	综合了荧光和磁粉探伤的优点，灵敏度比单纯荧光法高，只能用于铁磁金属

①也可用普通肥皂代替，但均匀与稳定性差。

表 3-14 荧光磁悬液成分

成 分	数 量
水	1000 mL
乳化剂	10 g
二乙醇胺	5 g
亚硝酸钠	5 g
荧光磁粉	1~2 g
消泡剂	1 g

（6）磁痕分析。表 3-15 所示为各种缺陷磁痕的一般特征，表 3-16 所示为伪磁痕（非缺陷磁痕）的鉴别要点。

表 3-15　缺陷磁痕的一般特征

缺陷名称	一般特征
裂纹	清晰而浓密的曲线状
锻造裂纹	磁痕聚集较浓密，呈方向不定的曲线状或锯齿状；近表面锻造裂纹产生不规则弥漫状磁痕，出现部位与工艺有关
热处理裂纹	磁痕明显，浓度较高，呈线状，棱角较多且尾部尖细，多出现在棱角、凹槽、变截面等应力集中部分
磨削裂纹	一般与磨削方向垂直，且成群出现，呈网状或细平行线状
铸造裂纹	在应力最大的裂开部位较宽，后变细
疲劳裂纹	按中间大、两边对称延伸的线状曲线分布，大多垂直于零件受力方向
焊接裂纹	多弯曲，两端有鱼尾状。焊缝下（近表面）裂纹形成较宽的弥漫状磁痕
白点	在圆形横断面等圆周部位呈无规则分布的短柱线状
夹杂（与气孔）	单个或密集点状（或片状），与缺陷具体形状相似
发纹	沿金属流线方向呈直线或微弯曲线状分布。表面发纹磁痕非常细小但轮廓明显，正表面发纹图像不清晰

表 3-16　伪磁痕的鉴别要点

成因	一般特征
局部冷作硬化	一般呈带状，线性度较差
截面急剧变化	宽而模糊，分布不紧凑
流线	沿流线方向成群的平行磁痕，呈不大连续散状，往往因磁化电流过大所致
碳化物层状组织	短、散、宽带状分布
焊缝边缘	吸附不紧密、边缘不清晰
无规则的局部磁化	"磁写"痕迹模糊，退磁后可去掉

（7）磁力探伤方法应用与比较。磁力探伤适用于铁磁性材料表面或近表面缺陷检测，可检测裂纹、气孔、夹杂等缺陷。磁力探伤方法比较见表 3-17。

表 3-17　磁力探伤方法比较

探伤方法	显示缺陷的方式	优缺点
磁粉探伤	磁痕（磁粉显示缺陷漏磁分布）	操作简便；不能保存探伤结果；检验后一般要退磁；检测受磁场方向影响
磁带录磁探伤	用磁带记录工件表面的漏磁分布，由磁探针摄取扫描信号，用示波器或仪表显示	操作简便、迅速；可保存探伤结果，易于自动检测；连续检验时，不能发现与磁场方向一致的裂纹
漏磁场探伤	用传感器（霍尔元件、磁敏二极管式差接线圈）接收缺陷漏磁，经放大、转换等处理后显示缺陷	易于实现自动检测；目前方法尚不够成熟

2. 涡流探伤

（1）涡流探伤原理。被检物置于检测线圈所产生的交变磁场中感应出涡流，而涡流又在被检物附近产生附加交变磁场。在被检物缺陷处涡流磁场畸变，测量检测线圈输出（电压与位相等）的变化可以检出缺陷。

检测线圈的特性用阻抗的两个分量——电阻 R 与感抗 X 表示，其中：

$$X = 2\pi fL \tag{3-68}$$

式中　f——交变磁场频率，Hz；

　　　L——线圈电感，H。

被检物的物理性质、几何因素、检测线圈的大小与形状及线圈交变磁场频率等对线圈阻抗的影响，可用阻抗公式（3-68）在阻抗点的位移量与方向表达。其中，线圈填充系数（v）为试样横截面积与线圈横截面积之比：

$$v = d_0^2/d^2 \tag{3-69}$$

式中　d_0——圆柱试样直径，mm；

　　　d——线圈有效直径，mm。

圆柱试样的特征频率（Hz）为

$$f_g = 506606/(\mu_r \sigma d_0^2) \tag{3-70}$$

式中　μ_r——相对磁导率；

　　　σ——电导率，S/m；

　　　d_0——试样直径，m。

无试样时的（空载）电压 E_0(V) 为

$$E_0 = 2\pi fn \cdot \frac{\pi D^2 H_0}{4} \times 10^{-8} \tag{3-71}$$

式中　f——线圈激励频率，Hz；

　　　n——次级线圈匝数；

　　　D——次级线圈直径，cm；

　　　H_0——线圈激励磁场强度，A/m。

归一化的线圈电压（有试样线圈电压除以"空载"电压的感抗分量）虚数部分为

$$\frac{E_i}{E_{L_0}} = \frac{\omega L}{\omega L_0} = 1 - v + v\mu_r\mu_{eff} \tag{3-72}$$

归一化的线圈电压实数部分为

$$\frac{E_r}{E_{L_0}} = \frac{R - R_0}{\omega L_0} = v\mu_r\mu_{eff} \tag{3-73}$$

有效磁导率 μ_{eff} 是试样电导率、直径及检测频率的函数。归一化阻抗实数部分与虚数部分的复数阻抗平面可同时表示 μ_{eff} 实数部分与虚数部分的复数有效磁导率平面及归一化线圈电压的复数电压平面。非铁磁性圆柱体电导率的变化与直径变化在阻抗平面上的方向不同。电导率效应与直径效应的分离取决于直径变化方向与电导率变化方向的夹角，夹角大则分离容易。频率比大于 4 时效果较佳。对于铁磁性圆柱体，在阻抗平面的上半部分，电导率效应与直径效应和相对磁导率效应的分离效果较好。

表面效应由式（3-74）表达：

$$J_x = J_0 e^{-x(\pi f\mu\sigma)^{1/2}} \tag{3-74}$$

式中　J_x——距表面 x 处的电流密度，A/m^2；

J_0——表面电流密度，A/m^2；

f——探测频率，Hz；

σ——电导率，电阻率的倒数，S/m；

μ——磁导率，H/m。

标准透入深度 δ 为涡流密度下降到表面密度 J_0 的 $1/e$ 倍，即 $36.8\% J_0$ 时的深度，可由式（3-75）导出：

$$\delta = (\pi f \mu \sigma)^{-1/2} \tag{3-75}$$

涡流场透入金属表面下时，相对于表面涡流的相位发生滞后。在厚度无限的材料内，相位滞后随深度增加而线性增加，即

$$\theta = x/\delta \tag{3-76}$$

式中　θ——滞后相位，rad；

x——距表面距离，m；

δ——标准透入深度，m。

对于铁磁性材料，探头附近的区域要加以磁饱和处理，当相对磁导率达到 1.0 时作为非磁性材料处理。一般采用直流磁饱和装置；对于形状复杂零件，要达到磁饱和非常困难，这时可用外部电磁铁或大型永久磁铁来帮助达到磁饱和。

（2）涡流探伤检测过程与装置。当缺陷能干扰涡流流动时，会引起线圈阻抗的变化。由于涡流流动方向平行于线圈绕线方向，因而选择线圈类型时应注意避免出现线圈绕线方向与缺陷走向平行情况。仪器的校准以及缺陷信号分析等一般在电磁特性及几何形状与被检件相同的校准标准（对比试块）上进行。

在检测过程中，必须正确选择探测频率。频率过高不能探出近表面缺陷，频率过低则灵敏度降低。检测非铁磁性圆柱体材料表面裂纹时，最佳频率比 f/f_g 应为 $10\sim50$；检验表面下裂纹时，最佳频率比 f/f_g 应为 $4\sim20$。要分离铁磁性圆柱体的裂缝效应和直径效应，其最佳频率比 f/f_g 应小于 10。检验薄壁管裂纹时，频率比 f/f_g 应选为 $0.4\sim2.4$。

探测频率选取亦可参考下列两个经验公式。

1）管子探测频率（kHz）可由式（3-77）计算：

$$f = 3\rho/t^2 \tag{3-77}$$

式中　ρ——管材电阻率，$\mu\Omega/cm$；

t——管壁厚度，mm。

2）用表面探头探测板材，则

$$f = 1.6\rho/t^2 \tag{3-78}$$

涡流探伤适用于导电管材、线材及薄壁零件的表面与近表面缺陷的检测，可检验出裂纹、气孔及夹杂物等缺陷。

涡流探伤操作简便，探头与零件不要求很好地贴合，检测速度高。

涡流探伤是间接测量，需要参考标准。对于零件检测可能出现的假象，必须仔细分析，并进行材料分选等。

实验设备及材料

磁粉探伤仪（1台）、涡流探伤仪（1台）、实验试样（3块/组，共6组）。

实验内容与步骤

将学生分为 6 个小组，按组领取实验试样，每组学生对试样进行缺陷检测。

（1）用磁粉探伤仪检测，要求：

1）用标准试样进行测试，调整参数；

2）检测待测试样，手绘缺陷大小、位置。

（2）用涡流探伤仪进行缺陷检测，要求：

1）用标准试样进行测试，调整参数（归零）；

2）检测待测试样，对比图、表分析缺陷大小并标明位置。

实验报告要求

（1）讨论磁粉探伤、涡流探伤检测的实验方法。

（2）画出缺陷组织示意图，指出其大小、位置。

（3）综合实验分析：

1）常用的材料表层缺陷检测方法有哪些？说明各自的特点及应用范围。

2）钢中表层缺陷类别、分布不同时对缺陷图像及检测灵敏度有何影响？

4 金属材料性能与结构分析实验

4.1 金属材料性能实验

实验 4-1 金属拉伸力学性能的测定

实验目的

（1）掌握低碳钢的屈服强度 R_{eL}、抗拉强度 R_m、断后伸长率 A 和断面收缩率 Z 的测试方法；

（2）测定铸铁的抗拉强度 R_m；

（3）分析比较低碳钢和铸铁的力学性能特点。

实验原理

金属拉伸实验是金属材料力学性能测试中最重要的实验方法之一。通过拉伸实验可以揭示材料在静载作用下应力应变及常见的 3 种失效形式（过量弹性变形、塑性变形和断裂）的特点和基本规律，可以评价材料的基本力学性能指标，如屈服强度、抗拉强度、伸长率和断面收缩率等。这些性能指标是材料的评定和工程设计的主要依据。

根据《金属材料 拉伸试验 第 1 部分：室温试验方法》（GB/T 228.1—2021）的规定，对一定形状的试样施加轴向试验力 F 拉至断裂。

图 4-1 为典型的低碳钢拉伸时的力-伸长曲线。由图可见，低碳钢试样在拉伸过程中，经历了弹性、屈服、强化与颈缩四个阶段，并存在三个特征点。在线性阶段，材料所发生的变形为弹性变形，弹性变形指卸去载荷后，试样能恢复到原状的变形。在强化阶段材料所发生的变形主要是塑性变形，塑性变形指卸去载荷后，试样不能恢复到原状的变形，即留有残余变形。

图 4-1 所示低碳钢的拉伸曲线可以分成 Oe 段、es 段、sb 段和 bk 段。

Oe——弹性变形阶段。线段是直线，变形量与外力成正比，服从胡克定律；载荷去除后，试样恢复原来的初始状态。F_e 是使试样产生弹性变形的最大载荷。

es——屈服阶段。当载荷超过 F_e 时，拉伸曲线出现平台或锯齿，此时载荷不

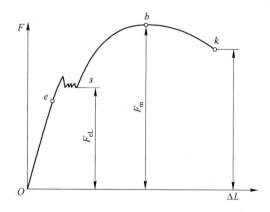

图 4-1 低碳钢的力-伸长曲线

变或变化很小，试样却继续伸长，称为屈服，F_s 称为屈服载荷；去除外力后，试样有部分残余变形不能恢复，称为塑性变形。

sb——强化阶段。试样在屈服时，由于塑性变形使试样的变形抗力增大，只有增加载荷，变形才可以继续进行。在此阶段，变形与硬化交替进行，随塑性变形量的增大，试样变形的抗力也逐渐增大，这种现象称为加工硬化。这个阶段试样各处的变形都是均匀的，也称为均匀塑性变形阶段。F_b 为试样拉伸实验时的最大载荷。

bk——缩颈阶段。当载荷超过最大载荷 $F_m(F_b)$ 时，试样发生局部收缩，这种现象称为"缩颈"。由于变形主要发生在缩颈处，其所需的载荷也随之降低。随着变形的增加，直到试样断裂。

1. 低碳钢力学性能指标（其新旧标准中规定的符号及其含义见表 4-1）

屈服强度：试样在拉伸实验过程中试验力不增加（保持恒定）仍能继续伸长时的应力。一般把下屈服点作为材料的屈服点，在实验中指针来回摆动力的最小值作为材料的屈服载荷 F_{eL}，若原始面积为 S_0 则：

$$R_{eL} = F_{eL}/S_0 \tag{4-1}$$

抗拉强度：抗拉强度为试样拉伸过程中最大试验力所对应的应力。从拉伸曲线图上的最高点可确定实验过程中的最大力 F_m（见图 4-1），或从试验机的测力度盘上读取最大力 F_m。抗拉强度 R_m 按下式计算：

$$R_m = F_m/S_0 \tag{4-2}$$

断后伸长率：断后伸长率是在试样拉断后测定的。将拉断后试样的断裂部分在断裂处紧密对接在一起，尽量使其轴线位于同一直线上，测出试样断裂后标距间的长度 L_u，若试样原始长度为 L_0，则断后伸长率的计算式为：

$$A = \frac{L_u - L_0}{L_0} \times 100\% \tag{4-3}$$

断口附近塑性变形最大，所以断裂位置对 A 的大小有影响，其中以断在正中的试样，其伸长率最大。因此，断后标距 L_u 的测量方法根据断裂位置不同而异，有如下两种：

（1）直测法。如断裂处到最邻近标距端点的距离大于 $L_0/3$ 时，可直接测量标距两端点间的距离。

（2）移位法。如断裂处到最邻近标距端点的距离小于或等于 $L_0/3$ 时，则用移位法将断裂处移至试样中部来测量。其方法如图 4-2 所示。

在断裂试样的长段上从断裂处 O 取基本等于短段格数，得 B 点（OB 近似等于 OA）。接着取等于长段所余格数（偶数，图 4-2（a））的一半得 C 点，或取所余格数（奇数，图 4-2（b））分别减 1 与加 1 的一半得 C 和 C_1 点。移位后的 L_u 分别为 $AO+OB+2BC$ 和 $AO+OB+BC+BC_1$。

断面收缩率：断面收缩率也是在试样断裂后测定的。只要测出颈缩处最小横截面积 S_u，则可按下式算出 Z 值：

$$Z = \frac{S_0 - S_u}{S_0} \times 100\% \tag{4-4}$$

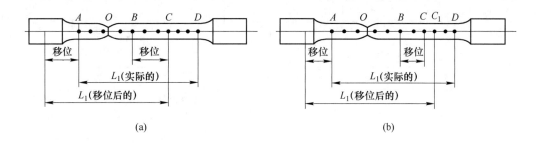

图 4-2　用移位法测量 L_u

(a) 余格为偶数；(b) 余格为奇数

S_u 的确定方法：将试样断裂部分仔细地配接在一起，使其轴线处于同一直线上。对于圆形横截面试样，在缩颈最小处两个互相垂直的方向上测量其直径，用两者的算术平均值计算出 S_u。

2. 铸铁力学性能指标

试样在拉力不大的情况下会突然拉断，断裂前应变很小，拉断后的伸长率也很小，同时不出现屈服和颈缩现象，拉断时的载荷即为 F_m，它没有屈服点。其抗拉强度按式（4-2）进行计算。

实验设备及材料

（1）万能材料试验机。

（2）游标卡尺。

（3）低碳钢和灰铸铁标准试样各一个。

实验步骤与方法

（1）测量试样尺寸：分别在低碳钢和灰铸铁标准试样的中段取标距 $L_0 = 5d_0$。在标距的两端冲眼作为标志，在试样的标距范围内测量三处直径，取三个尺寸中最小值计算截面积 S_0。

（2）试验机的准备：估计最大载荷，选择合适的测力范围；调整指针对准零点，并安装好试样。

（3）进行实验：慢速加载使测力指针缓缓均匀地转动，自动绘图装置可以得到试样的受力与伸长量的关系曲线。

（4）取下试样，测量计算断后伸长率和断面收缩率。

实验报告要求

（1）记录实验中的原始数据并绘制曲线。

（2）计算两种实验材料的强度和塑性指标。

（3）比较低碳钢和铸铁的力学性能特点。

表 4-1　常用的力学性能指标及其含义

力学性能	性能指标				说　明
	符号		名称	单位	
	新标准	旧标准			
强度	R_{m}	σ_{b}	抗拉强度	MPa	相应最大力（F_{m}）的应力
	R_{eH}	σ_{sU}	上屈服强度	MPa	屈服强度是指当金属材料呈现屈服现象时，在实验期间达到塑性变形发生而力不增加的应力点。试样发生屈服而力首次下降前的最高应力称为上屈服强度；屈服期间不计初始瞬时效应时的最低应力称为下屈服强度
	R_{eL}	σ_{sL}	下屈服强度	MPa	
	R_{p} $R_{\mathrm{p0.2}}$	σ_{p} $\sigma_{\mathrm{p0.2}}$	规定塑性延伸强度	MPa	非比例延伸强度等于规定的引伸计标距百分率时的应力。使用的符号需附下脚标说明所规定的塑性伸长率，如 $R_{\mathrm{p0.2}}$ 表示规定塑性伸长率为 0.2% 时的应力
塑性	A	δ_5	断后伸长率	%	断后标距的残余伸长（$L_{\mathrm{u}}-L_0$）与原始标距（L_0）之比的百分率
	Z	ψ	断面收缩率	%	断后试样横截面积的最大缩减量（S_0-S_{u}）与原始横截面积（S_0）之比的百分率
硬度	HBW	HBS HBW	布氏硬度	—	用一定直径的硬质合金球施加试验力压入试样的表面形成压痕，布氏硬度与试验力除以压痕面积的商成正比
	HRC HRB HRA	HRC HRB HRA	洛氏硬度	—	根据压痕深浅来测量硬度值，硬度数可直接从洛氏硬度计表盘上读出。HRC、HRB、HRA 分别表示用不同的压头和载荷测得的硬度值，也适用于不同场合
	HV	HV	维氏硬度	MPa	用正四棱形锥形压痕单位面积上所受到的平均压力数值表示。可测硬而薄的表面层硬度
冲击韧性	KV_2 KU_2 KV_8 KU_8	A_{K}	冲击吸收能量	J	用规定高度的摆锤对处于简支梁状态的缺口（分 V 形、U 形两种）试样进行一次打击，试样折断时的冲击吸收功。其中 KV_2 是 V 形缺口、KU_2 是 U 形缺口试样在 2 mm 摆锤刀刃下的冲击吸收能量；KV_8 是 V 形缺口、KU_8 是 U 形缺口试样在 8 mm 摆锤刀刃下的冲击吸收能量
抗疲劳性能	σ_{-1}	σ_{-1}	疲劳极限	MPa	材料的抗疲劳性能是通过实验决定的，通常是在材料的标准样上加上循环特性为 $r=\sigma_{\min}/\sigma_{\max}=-1$ 的对称循环变应力或者 $r=0$ 的脉动循环（也叫零循环）的等幅变应力，并以循环的最大应力 $\sigma_{\max}$ 表征材料的疲劳极限

实验 4-2　金属材料硬度测定

实验目的

（1）了解不同种类硬度测定的基本原理及常用硬度实验法的应用范围；

（2）学会使用布氏、洛氏、维氏硬度计并掌握相应硬度的测试方法。

实验原理

金属的硬度可以认为是金属材料表面在接触应力作用下抵抗塑性变形的一种能力。硬度测量能够给出金属材料软硬度的数量概念。由于在金属表面以下不同深处材料所承受的应力和所发生的变形程度不同，因而硬度值可以综合地反映压痕附近局部体积内金属的弹性、微量塑变抗力、塑变强化能力以及大量形变抗力。硬度值越高，表明金属抵抗塑性变形能力越大，材料产生塑性变形就越困难。另外，硬度与其他力学性能（如强度指标及塑性指标）之间有着一定的内在联系，所以从某种意义上说硬度的大小对于材料的使用寿命具有决定性意义。常用的硬度实验方法有：

布氏硬度实验——主要用于黑色、有色金属原材料检验，也可用于退火、正火钢铁零件的硬度测定。

洛氏硬度实验——主要用于金属材料热处理后的产品硬度检验。

维氏硬度实验——主要用于薄板材或金属表层的硬度测定以及较精确的硬度测定。

显微硬度实验——主要用于测定金属材料的显微组织组分或相组分的硬度。

1. 布氏硬度

布氏硬度实验是施加一定大小的载荷 F，将直径为 D 的钢球压入被测金属表面（如图 4-3 所示）保持一定时间，然后卸除载荷，根据钢球在金属表面上所压出的凹痕面积 $A_凹$ 求出平均应力值，以此作为硬度值的计量指标，并用符号 HB 表示。

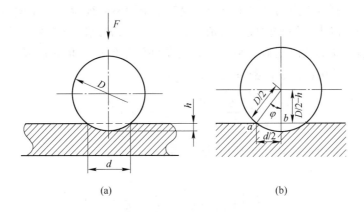

图 4-3　布氏硬度的实验原理

（a）原理图；（b）h 和 d 的关系

其计算公式如下：

$$HB = F/A_凹 \qquad\qquad (4\text{-}5)$$

式中   HB——布氏硬度；

　　　　F——施加外力，N；

　　　　$A_凹$——压痕面积，mm^2。

根据压痕面积和球面之比等于压痕深度 h 和钢球直径之比的几何关系，可知压痕部分的球面面积为：

$$A_凹 = \pi Dh \tag{4-6}$$

式中 D——钢球直径，mm；

　　　　h——压痕深度，mm。

由于测量压痕直径 d 要比测定压痕深度 h 容易，故可将式（4-6）中的 h 改换成 d 来表示，这样可以根据几何关系求出：

$$(D/2) - h = [(D/2)^2 - (d/2)^2]^{1/2} \tag{4-7}$$

$$h = [D - (D^2 - d^2)^{1/2}]/2 \tag{4-8}$$

将式（4-8）代入式（4-5），即得：

$$HB = \frac{F}{A_凹} = \frac{2F}{\pi D(D - \sqrt{D^2 - d^2})} \tag{4-9}$$

当试验力 F 的单位是 N 时：

$$HB = \frac{0.102F}{A_凹} = \frac{0.204F}{\pi D(D - \sqrt{D^2 - d^2})} \tag{4-10}$$

式中，d 是变量，故只需测出压痕直径 d，根据已知 D 和 F 值就可以计算出 HB 值。在实际测量时，可由压痕直径 d 直接查表得到 HB 值。

由于金属材料有硬有软，所测工件有厚有薄，若只采用同一种载荷（如 29400 N）和同一个钢球直径（如 $D = 10$ mm）时，则对有些试样合适，而对另一些试样可能不合适，会发生整个钢球陷入金属中的现象；若对于厚的试样合适，则对于薄的试样可能会出现压透的可能。所以在测定不同的材料布氏硬度值时要求用不同载荷 F 和不同直径 D 的钢球。为了得到统一的可以进行相互比较的数值，必须使 D 和 F 之间维持某一比值关系，以保证所得到的压痕形状的几何相似关系，其必要条件就是使压入角 ϕ 保持不变。根据相似原理，由图 4-3 中可知 d 和 ϕ 的关系是

$$\frac{D}{2}\sin\frac{\phi}{2} = \frac{d}{2}, \quad d = D\sin\frac{\phi}{2} \tag{4-11}$$

以此代入式（4-10）计算硬度 HB 的公式得：

$$HB = \frac{F}{D^2}\left[\frac{2}{\pi(1 - \sqrt{1 - \sin^2(\phi/2)})}\right] \tag{4-12}$$

式（4-12）说明，当 ϕ 值为常数时，为使 HB 相同，F/D^2 也应保持为一定值。因此对同一材料而言，不论采用何种大小的载荷和钢球直径，只要能满足 $F/D^2 = $ 常数，所得到的 HB 值是一样的。对不同的材料来说，得到的 HB 值也可以进行比较。F/D^2 比值一般取 30、10 和 2.5 三种，具体布氏硬度实验规范和适用范围可以参考表 4-2。

表 4-2 布氏硬度实验规范

材 料	布氏硬度值（HB）范围	试样厚度 /mm	F/D^2	钢球直径 /mm	载荷 F/N	载荷保持时间 /s
黑色金属	140~450	6~3	30	10	29400	10
		4~2		5	7350	
		<2		2.5	1837.5	
	<140	>6	10	10	9800	10
		6~3		5	2450	
		<3		2.5	612.5	
铜合金及镁合金	36~130	>6	10	10	9800	30
		6~3		5	2450	
		<3		2.5	612.5	
铝合金及轴承合金	8~35	>6	2.5	10	2450	60
		6~3		5	612.5	
		<3		2.5	152.88	

2. 洛氏硬度

洛氏硬度实验常用的压头为圆锥角 $\alpha = 120°$、顶部曲率半径为 0.2 mm 的金刚石圆锥体或直径 $D = 1.588$ mm 的淬火钢球。实验时（图 4-4），先对试样施加初试验力 F_0，在金属表面得一压痕深度 h_1，以此作为测量压痕深度的基线。随后再加上主试验力 F_1，此时压痕深度为 h_2。金属在 F_1 作用下产生的总变形 h_2-h_1 中包括弹性变形和塑性变形。当将 F_1 卸除后，总变形中的弹性变形恢复，使压头回升一段距离。于是得到金属在 F_1 作用下的残余压痕深度 h（将此压痕深度 h 表示成 e，其值以 0.002 mm 为单位表示），e 值愈大表明金属洛氏硬度愈低；反之，则表示硬度愈高。为了照顾习惯上数值愈大硬度愈高的概念，故用一个常数 k 减去 e 来表示洛氏硬度值，并以符号 HR 表示，即：

$$HR = k - e$$

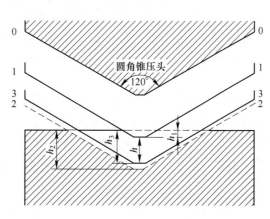

图 4-4 洛氏硬度的实验原理

当使用金刚石圆锥体压头时，常数 k 定为 100；当使用淬火钢球压头时，常数 k 定为 130。

实际测定洛氏硬度时，由于在硬度计的压头上方装有百分表，可直接测出压痕深度，并通过以上公式换算出相应的硬度值。因此，在实验过程中金属的洛氏硬度值可直接读出。

为了测定软硬不同的金属材料的硬度，在洛氏硬度计上可选配不同的压头与试验力，组合成几种不同的洛氏硬度标尺。每一种标尺用一个字母在 HR 后注明。我国最常用的标尺有 A、B、C 三种，其硬度值的符号分别用 HRA、HRB、HRC 表示。洛氏硬度实验规范和适用范围见表 4-3。

表 4-3　各种洛氏硬度值的符号、实验条件和应用

标尺	压头类型	初始试验力 /kgf（N）	主试验力 /kgf（N）	洛氏硬度值测量范围	应用实例
HRA	120°金刚石圆锥体		50（490）	65~85	高硬度的薄件、表面处理钢件、硬质合金等
HRC			140（1372）	20~67	硬度大于 100HRB 的淬火及回火钢、钛合金等
HRB	ϕ1.588 mm 淬火钢球		90（882）	25~100	铜合金、铝合金、退火钢材、可锻铸铁等
HRD	120°金刚石圆锥体		90（882）	40~47	薄钢板、中等表面硬化钢、珠光体可锻铸铁
HRE	ϕ3.175 mm 钢球	10（98）	90（882）	70~100	灰铸铁、铝合金、镁合金、轴承合金
HRF	ϕ1.588 mm 钢球		50（490）	60~100	退火铜合金、软质薄合金板
HRG	ϕ1.588 mm 钢球		140（1372）	30~94	可锻铸铁、铜镍合金、铜镍锌合金
HRH	ϕ3.175 mm 钢球		50（490）	80~100	铝、铅、锌
HRK	ϕ3.175 mm 钢球		140（1372）	40~100	轴承合金，较软金属，薄材

3. 维氏硬度

维氏硬度的实验原理与布氏硬度相同，也是根据压痕单位面积所承受的试验力来表示维氏硬度值。所不同的是维氏硬度用的压头不是球体而是两对面夹角 $\alpha = 136°$ 的金刚石四棱锥体。压头在试验力 F（单位是 kgf 或 N）作用下，将试样表面压一个四棱锥形压痕，经规定时间保持载荷之后，卸除试验力，由读数显微镜测出压痕对角线平均长度 d：

$$d = \frac{d_1 + d_2}{2} \tag{4-13}$$

式中　d_1，d_2——分别是两个不同方向的对角线长度，用以计算压痕的表面积。

维氏硬度值（HV）是试验力 F 与压痕表面积 A 的商。当试验力 F 单位为 kgf（1 kgf =

9.8 N）时，计算公式如下：

$$HV = \frac{F}{A} = \frac{2F\sin(136°/2)}{d^2} = 1.8544\frac{F}{d^2} \qquad (4-14)$$

当试验力 F 的单位为 N 时，计算公式如下：

$$HV = \frac{0.102F}{A} = \frac{0.204F\sin(136°/2)}{d^2} = 1.891\frac{F}{d^2} \qquad (4-15)$$

与布氏硬度一样，维氏硬度值也不标注单位。维氏硬度值的表示方法是：在 HV 前书写硬度值，HV 后按顺序用数字表示实验条件（试验力/试验力保持时间，保持时间为10~15 s 或者不标）。例如 640HV30/20 表示用 30 kgf（294 N）试验力保持 20 s 测定的维氏硬度值为 640。如果试验力为 1 kgf（9.8 N），实验加载保持时间为 10~15 s，测得的硬度值为 560，则可表示为 560HV1。

维氏硬度实验的试验力为 5（49）~100（980）kgf（N），小负荷维氏硬度实验的试验力为 0.2（1.96）~<5（49）kgf（N），可根据试样材料的硬度范围和厚度来选择。其选择原则应保证实验后压痕深度 h 小于试样厚度（或表面层厚度）的 1/10。

在一般情况下，建议选用试验力 30 kgf（294 N）。当被测金属试样组织较粗大时，也可选用较大试验力。但当材料硬度 ≥500HV 时，不宜选用大试验力，以免损坏压头。试验力的保持时间：黑色金属 10~15 s，有色金属（30±2）s。

4. 显微硬度

金属显微硬度实验原理与宏观维氏硬度实验法完全相同。只不过所用试验力比小负荷维氏硬度试验力实验时还要小，通常为 0.01~0.2 kgf（0.098~1.96 N）。所得压痕对角线也只有几微米至几十微米。因此，显微硬度是研究金属微观组织性能的重要手段。常用于测定合金中不同的相、表面硬化层、化学热处理渗层、镀层及金属箔等的显微硬度。

金属显微硬度的符号、硬度值的计算公式和表示方法与宏观维氏硬度实验法完全相同。金属显微硬度实验的试验力，分为 0.01（0.098）kgf（N）、0.02（0.196）kgf（N）、0.05（0.49）kgf（N）、0.1（0.98）kgf（N）及 0.2（1.96）kgf（N）五级，尽可能选用较大的试验力进行实验。

实验设备及材料

（1）硬度计：布氏、洛氏、维氏及显微硬度计。

（2）读数显微镜：最小分度值为 0.01 mm。

（3）标准硬度块：不同硬度实验方法的标准硬度块。

（4）材料：20、45、T8、T12 钢退火态、正火态、淬火态及回火态试样，2024、7075、6063 退火态及时效态试样，尺寸为 $\phi20$ mm×10 mm。

实验步骤与方法

（1）了解各种硬度计的构造、原理、使用方法、操作规程和安全注意事项。

（2）对各种试样选择合适的实验方法和仪器，确定实验条件。根据实验和试样条件选择压头、载荷（砝码）。

（3）用标准硬度块校验硬度计。校验的硬度值不应超过标准硬度块硬度值的±3%

（布氏）或±(1%~1.5%)（洛氏）。

（4）试样支撑面、工作台和压头表面应清洁。试样平稳地放在工作台上，保证实验加载过程中不发生移动和翘曲，试验力平稳地加在试样上，不得造成冲击和震动，施力方向与试样表面垂直。

（5）保持载荷规定的时间（对布氏、维氏硬度，卸去载荷后用读数显微镜测量压痕尺寸，计算或查表），卸去载荷准确地记录实验数据。

实验注意事项

（1）试样两端要平行，表面应平整，若有油污或氧化皮，可用砂纸打磨，以免影响测量。

（2）圆柱形试样应放在带有 V 形槽的工作台上操作，以防试样滚动。

（3）加载时应细心操作，以免损坏压头。

（4）测完硬度值，卸掉载荷后，必须使压头完全离开试样后再取下试样。

（5）金刚石压头系贵重物件，质硬而脆，使用时要小心谨慎，严禁与试样或其他物件碰撞。

（6）应根据硬度试验机的使用范围，按规定合理选用不同的载荷和压头，超过使用范围，将不能获得准确的硬度值。

实验报告要求

（1）简述布氏硬度和洛氏硬度的实验原理、优缺点及应用。

（2）设计实验表格，将实验数据填入表内，对结果进行分析并进行必要的硬度值换算。

（3）分析用布氏硬度实验方法能否直接测量成品或较薄的工件。

实验 4-3　金属材料冲击韧性的测定

实验目的

（1）了解冲击韧性的含义；

（2）测定钢材和硬铝合金的冲击韧性，比较两种材料的抗冲击能力和破坏断口的形貌。

实验原理

材料在冲击载荷作用下，产生塑性变形和断裂过程吸收能量的能力，称为材料的冲击韧性。用实验方法测定材料的冲击韧性时，是把材料制成标准试样，置于能实施打击能量的冲击试验机上进行的，并用折断试样的冲击吸收功来衡量。

按照不同的实验温度、试样受力方式、实验打击能量等来区分，冲击实验的类型繁多，不下十余种。现在介绍常温、简支梁式、大能量一次性冲击实验。依据是国家标准 GB/T 19748—2019《金属材料　夏比 V 型缺口摆锤冲击试验　仪器化试验方法》。

冲击试验机由摆锤、机身、支座、度盘、指针等几部分组成（图 4-5）。实验时，将带有缺口的受弯试样安放于试验机的支座上，举起摆锤使它自由下落将试样冲断。若摆锤重量为 G，冲击中摆锤的质心高度由 H_0 变为 H_1，势能的变化为 $G(H_0-H_1)$，它等于冲断试样所消耗的功 W，亦即冲击中试样所吸收的功为

$$A_k = W = G(H_0 - H_1) \tag{4-16}$$

设摆锤质心至摆轴的长度为 l（称为摆长），摆锤的起始下落角为 α，击断试样后最大扬起的角度为 β，上式又可写为

$$A_k = Gl(\cos\beta - \cos\alpha) \tag{4-17}$$

α 一般设计成固定值，为适应不同打击能量的需要，冲击试验机都配备两种以上不同重量的摆锤，β 则随材料抗冲击能力的不同而变化，如事先用 β 最大可能变化的角度计算出 A_k 值并制成指示度盘，A_k 值便可由指针指示的位置从度盘上读出。A_k 值的单位为 J（焦耳）。

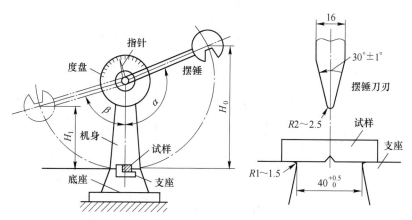

图 4-5　摆锤冲击试验机示意图

A_k 值越大，表明材料的抗冲击性能越好。A_k 值是一个综合性的参数，不能直接用于设计，但可作为抗冲击构件选择材料的重要指标。

值得指出的是，冲击过程所消耗的能量，除大部分为试样断裂所吸收外，还有一小部分消耗于机座振动等方面，只因这部分能量相对较小，一般可以省略。但它却随实验初始能量的增大而加大，故对 A_k 值原本就较小的脆性材料，宜选用冲击能量较小的试验机。如用大能量的试验机将影响实验结果的真实性。

材料的内部缺陷和晶粒的大小对 A_k 值有明显影响，因此可用冲击实验来检验材料质量，判定热加工和热处理工艺质量。A_k 值对温度的变化也很敏感，随着温度的降低，在某一狭窄的温度区间内，低碳钢的 A_k 值骤然下降，材料变脆，出现冷脆现象。所以常温冲击实验一般在 10~35 ℃下进行，A_k 值对温度变化很敏感的材料，实验应在 20 ℃±2 ℃进行。温度不在这个范围内时，应注明实验温度。

实验试样

冲击韧性 A_k 的数值与试样的尺寸、缺口形状和支承方式有关。为便于比较，国家标准规定两种形式的试样：（1）U 形缺口试样尺寸，常见尺寸形状如图4-6 所示；（2）V 形缺口试样，常见尺寸形状如图4-7 所示。此外，尚有缺口深度为 5 mm 的 U 形标准试样。当材料不能制成上述标准试样时，允许采用宽度 7.5 mm 或 5 mm 等小尺寸试样，缺口应开在试样的窄面上。V 形缺口与深 U 形缺口适用于韧性较好的材料。用 V 形缺口试样测定的冲击韧性记为 A_k，U 形缺口试样则应加注缺口深度，如 A_{ku2}（缺口深度为 2 mm）或 A_{ku5}（缺口深度为 5 mm）。

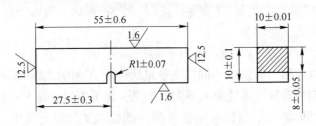

图 4-6　U 形缺口试样

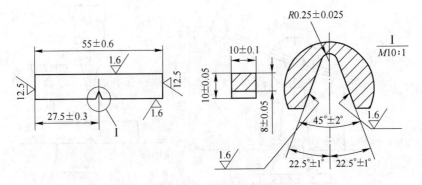

图 4-7　V 形缺口试样

冲击时，由于试样缺口根部形成高度应力集中，吸收较多的能量，缺口的深度、曲率半径及角度的大小都对试样的冲击吸收功有影响。为保证尺寸准确，缺口应采用铣削、磨削或专用的拉床加工，要求缺口底部光滑，无平行于缺口轴线的刻痕。试样的制备亦应避免由于加工硬化或过热而影响其冲击性能。

实验步骤与方法

（1）检查试样的形状、尺寸及缺口质量是否符合标准的要求。

（2）选择合适的摆锤，冲击试验机一般在摆锤最大打击能量的10%~90%使用。

（3）空打实验：举起摆锤，试验机上不放置试样，把指示针（即从动针）拨至最大冲击能量刻度处（数显冲击机调零），然后释放摆锤空打，指针偏离零刻度的示值（即回零差）不应超过最小分度值的1/4。若回零差较大，应调整主动针位置，直至空打从动针指零。

（4）用专用对中块，按图4-8使试样贴紧支座安放，缺口处于受拉面，并使缺口对称面位于两支座对称面上，其偏差不应大于0.5 mm。

（5）将摆锤举高挂稳后，把从动针拨至最大刻度处，然后使摆锤下落冲断试样。待摆锤回落至最低位置时，进行制动。记录从动针在度盘上的指示值或数显装置的显示值，即为冲断试样所消耗的功。

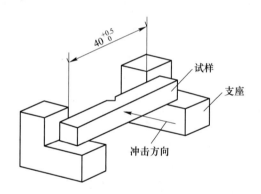

图4-8 冲击试样对中示意图

实验注意事项

（1）不带保险销的机动冲击试验机或手动冲击试验机，在安装试样前，最好先把摆锤用木块搁置在支座上，试样安装完毕再举摆。

（2）手动冲击试验机当摆锤举到需要高度时，可听到销钉锁住的声音，为避免冲断销钉应轻轻放摆，在销钉未锁住前切勿放手。摆锤下落尚未冲断试样前，不应将控制杆推向制动位置。

（3）在摆锤摆动范围内，不得有任何人员活动或放置障碍物，以确保安全。

（4）带有保险销的机动冲击试验机，冲击前应先退销再释放摆锤进行冲击。

实验报告要求

（1）实验报告的内容应包括：实验标准号、材料种类、试样尺寸及类型、实验温度、试验机型号及打击能量、冲击吸收功及备注。报告格式由学生自行拟定。

（2）冲击吸收功在 100 J 以上时，取三位有效数字；在 10~100 J 时，取二位有效数字；小于 10 J 时，保留小数后一位，并修约到 0.5 J。

（3）如因试验机打击能量偏低，试样受冲后未完全折断，应在实验数据之前加大于符号"＞"，其他情况则应注明"未折断"。

（4）试样断口有明显的夹渣、裂纹等缺陷时，应加以注明。

（5）因操作不当（例如提早制动等），试样卡锤，其实验结果无效，应重做。

（6）比较低碳钢和硬铝合金两种材料的 A_k 值，绘出两种试样的断口形貌，指出各自的特征。

实验 4-4　综合热分析实验

实验目的

（1）了解综合热分析仪的原理及结构；

（2）学习使用 TG-DTA 和 TG-DSC 综合热分析方法。

实验原理

由于材料在加热或冷却过程中，会发生一些物理化学反应，同时产生热效应和质量等方面的变化，这是热分析技术的基础。

热重分析方法分为静法和动法。热重分析仪有热天平式和弹簧式两种基本类型。本实验采用的是热天平式动法热重分析。

当试样在热处理过程中，随温度变化有水分的排除或热分解等反应时放出气体，则在热天平上产生失重；当试样在热处理过程中，随温度变化有 Fe^{2+} 氧化成 Fe^{3+} 等氧化反应时，则在热天平上表现出增重。

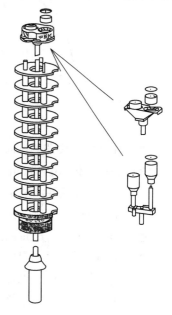

图 4-9　样品支架

示差扫描量热法（DSC）分为功率补偿式和热流式两种方法。前者的技术思想是，通过功率补偿使试样和参比物的温度处于动态的零位平衡状态；后者的技术思想是，要求试样和参比物的温度差与传输到试样和参比物间的热流差成正比关系。本实验采用的是热流式示差扫描量热法。

采用如图 4-9 所示可更换的不同测试样品支架，由计算机程序软件执行操作，来实现差热分析和示差扫描量热分析。首先在确定的程序温度下，对样品坩埚和参比坩埚进行 DTA 或 DSC 空运行分析，得到两个空坩埚的 DTA 或 DSC 的分析结果——形成 Baseline 分析文件；然后在样品坩埚中加入适量的样品，再在 Baseline 文件的基础上进行样品测试，得到样品+坩埚的测试文件；最后由测试文件中扣除 Baseline 文件，即得到纯粹样品的 DTA 或 DSC 分析结果。

实验仪器

（1）德国耐驰生产的 STA449C 综合热分析仪一台，如图 4-10 所示。

（2）DTA 和 DSC 样品支架各一个。

（3）计算机一台。

（4）彩色激光打印机一台。

实验内容及步骤

1. 操作条件

（1）实验室门应轻开轻关，尽量避免或减少人员走动。

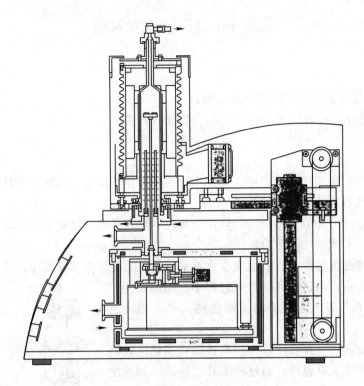

图 4-10 综合热分析仪示意图

（2）计算机在仪器测试时，不能上网或运行系统资源占用较大的程序。

（3）保护气体（Protective）。保护气体是用于在操作过程中对仪器及其天平进行保护，以防止受到样品在测试温度下所产生的毒性及腐蚀性气体的侵害。Ar、N_2、He 等惰性气体均可用作保护气体。保护气体输出压力应调整为 0.05 MPa，流速≤30 mL/min，一般设定为 15 mL/min。开机后，保护气体开关应始终为打开状态。

（4）吹扫气体（Purge1/Purge2）。吹扫气体在样品测试过程中，用作气氛气或反应气。一般采用惰性气体，也可用氧化性气体（如空气、氧气等）或还原性气体（如 CO、H_2 等）。但应慎重考虑使用氧化、还原性气体作气氛气，特别是还原性气体，会缩短样品支架热电偶的使用寿命，还会腐蚀仪器上的零部件。吹扫气体输出压力应调整为 0.05 MPa，流速≤100 mL/min，一般情况下为 20 mL/min。

（5）温水浴。恒温水浴用于保证测量天平工作在一个恒定的温度下。一般情况下，恒温水浴的水温调整为至少比室温高 2 ℃。

（6）真空泵。为了保证样品在测试中不被氧化或与空气中的某种气体进行反应，需要使用真空泵对测量管腔进行反复抽真空并用惰性气体置换。一般置换两到三次即可。

2. 样品准备

（1）检查并保证测试样品及其分解物绝对不能与测量坩埚、支架、热电偶或吹扫气体发生反应。

（2）为了保证测量精度，测量所用的坩埚（包括参比坩埚）必须预先热处理到等于或高于其最高测量温度。

（3）测试样品为粉末状、颗粒状、片状、块状、固体、液体均可，但需保证与测量坩埚底部接触良好，样品应适量，以便减小在测试中样品温度梯度，确保测量精度。

（4）对于热反应剧烈或在反应过程中易产生气泡的样品，应适当减少样品量。除测试要求外，测量坩埚应加盖，以防反应物因反应剧烈溅出而污染仪器。

（5）用仪器内部天平进行称样时，炉子内部温度必须保持恒定（室温），天平稳定后的读数才有效。

（6）测试必须保证样品温度（达到室温）及天平均稳定后才能开始。

3. 开机

（1）开机过程无先后顺序。为保证仪器稳定精确的测试，STA 449C 的天平主机应一直处于带电开机状态（长期不使用除外），应避免频繁开机关机。恒温水浴及其他仪器应至少提前 1 h 打开。

（2）开机后，首先调整保护气及吹扫气体输出压力及流速并待其稳定。

4. 样品测试程序

以使用 TG-DSC 样品支架进行测试为例，使用 TG-DTA 样品支架的操作除注明外均相同；升温速度，除特殊要求外一般为 10~30 K/min。

（1）Sample 测试模式：该模式无基线校正功能。

1）进入测试运行程序。选 File 菜单中的 New 进入编程文件。

2）选择 Sample 测量模式，输入识别号、要称量的标准样品名称并称重。点击"Continue"。

3）选择标准温度校正文件（20011113.tsu），然后打开。

4）选择标准灵敏度校正文件（20011113.esu），然后打开。当使用 TG-DTA 样品支架进行测试时，选择 Senszer0.exx 然后打开。此时进入温度控制编程程序。仪器开始测量，直到完成。

（2）Correction 测试模式：该模式主要用于基线测量。为保证测试的精确性，一般来说样品测试应使用基线。

1）进入测量运行程序。选 File 菜单中的 New 进入编程文件。

2）选择 Correction 测量模式，输入识别号，样品名称可输入为空（Empty），不需称重。点击"Continue"。

3）选择标准温度校正文件（20011113.tsu），然后打开。

4）选择标准灵敏度校正文件（20011113.esu），然后打开。

5）此时进入温度控制编程程序。

6）仪器开始测量，直到完成。

（3）Sample+Correction 测试模式：该模式主要用于样品的测量。

1）进入测试运行程序。选 File 菜单中的 Open 打开所需的测试基线进入编程文件。

2）选择 Sample + Correction 测量模式，输入识别号、样品名称并称重。点击"Continue"。

利用仪器内部天平进行样品称重步骤如下：

①点击"Weigh"进入称重窗口，待 TG 稳定后点击"Tare"。

②称重窗口中的 Crucible Mass 栏中变为 0.000 mg，且应稳定不变。否则应点击

"Repeat"后再重新点击"Tare"。

③再点击一次"Tare",称重窗口中的 Sample Mass 栏变为 0.000 mg。

④把炉子打开,取出样品坩埚装入待测试样品。

⑤将样品坩埚放入样品支架上,关闭炉子。

⑥称重窗口中的 Sample Mass 栏将显示样品的实际质量。

⑦待质量值稳定后,按 Store 将样品质量存入。

⑧点击"OK"退出称重窗口。

3)选择标准温度校正文件(20011113.tsu)。

4)选择标准灵敏度校正文件(20011113.esu)。当使用 TG-DTA 样品支架进行测试时,选择 Senszer0…然后打开。

5)选择或进入温度控制编程程序(即基线的升温程序)。应注意的是:样品测试的起始温度及各升降温、恒温程序段完全相同,但最终结束温度可以等于或低于基线的结束温度(即只能改变程序最终温度)。

6)仪器开始测试,直到完成。

实验结果分析

(1)仪器测试结束后打开 Tools 菜单。从下拉菜单中选择 Run analysis program 选项,进入分析软件界面。

(2)在分析软件界面中点击工具栏中的 Segments 按钮,打开 Segments 对话框,去掉 Segments 对话框中的"1"和"2"复选项,点击"OK"按钮关闭对话框。

(3)点击工具栏上的"X-time/X-temperature"转换开关,使横坐标由时间转换成温度。

(4)点击待分析曲线使之选中,然后点击工具栏上的"1st Derivative"一次微分按钮,屏幕上出现一条待分析曲线的一次微分曲线。

1)若待分析曲线是 TG 曲线。点击工具栏上的"Mass change"按钮,进入 TG 分析状态并在屏幕上出现两条竖线。

根据一次微分曲线和 TG 曲线确定质量开始变化的起点和终点,用鼠标分别拖动该两条竖线,确定 TG 曲线的质量变化区间,然后点击"Apply"按钮,计算机自动算出该区间的质量变化率;如果试样材料在整个测试温度区间具有多次质量变化区间,依次重复上述操作,直到全部计算出各个温度区间的质量变化率,点击"OK"按钮,即完成 TG 曲线分析。

2)若待分析曲线是 DSC 或 DTA 曲线。

反应开始温度分析:点击工具栏上的"Onset"按钮,进入分析状态并在屏幕上出现两条竖线。根据一次微分曲线和 DSC(或 DTA)曲线,确定曲线开始偏离基线的点和峰值点,用鼠标分别拖动两条竖线至确定的两个曲线点上,点击"Apply"按钮计算机自动算出反应开始温度,然后点击"OK"完成分析操作。

峰值温度分析:点击工具栏上的"Peak"按钮,进入分析状态并在屏幕上出现两条竖线。根据一次微分曲线和 DSC(或 DTA)曲线,确定曲线的热反应"峰"点,用鼠标分别拖动两条竖线至曲线上"峰"的两侧,点击"Apply"按钮计算机自动算出峰值温度，然后点击"OK"完成分析操作。

热熔分析：点击工具栏上的"Area"按钮，进入分析状态并在屏幕上出现两条竖线。根据一次微分曲线和 DSC 曲线，确定曲线上的热反应峰及其随线开始偏离基线的点和反应结束后回到基线的点，用鼠标分别拖动两条竖线至曲线上两个确定的点上，点击"Apply"按钮计算机自动算出反应热熔，然后点击"OK"完成分析操作。

（5）完成全部分析内容后，即可打印输出，测试分析操作结束。

实验报告要求

（1）简述实验目的与实验原理。

（2）根据实验结果绘制所测样品的 DTA 或 DSC 曲线并确定相变温度。

实验 4-5　线性极化法测定金属的腐蚀速度

实验目的

（1）了解线性极化法测量金属腐蚀速度的基本原理；

（2）掌握电化学工作站的使用方法。

实验原理

线性极化法也称极化电阻法，是基于金属腐蚀过程的电化学本质而建立起来的一种快速测定腐蚀速度的电化学方法。

从腐蚀金属极化方程式出发，如式（4-18）所示：

$$i = i_k \left\{ \exp\left[\frac{2.3(E - E_k)}{b_a} \right] - \exp\left[\frac{2.3(E_k - E)}{b_c} \right] \right\} \tag{4-18}$$

通过微分和适当的数学处理可导出：

$$R_p = \frac{\Delta E}{\Delta i} E_k = \frac{1}{i_k} \times \frac{b_a b_c}{2.3(b_a + b_c)} \tag{4-19}$$

式中　R_p——极化阻力，$\Omega \cdot cm^2$；

$\quad \Delta E$——极化电位，V；

$\quad \Delta i$——极化电流，A/cm^2；

$\quad i_k$——金属自腐蚀电流，A/cm^2；

b_a、b_c——常用对数，阳极、阴极塔菲尔（Tafel）常数，V；

$\quad E_k$——金属的自腐蚀电位，V。

式（4-18）和式（4-19）也是根据斯特恩（Stern）和盖里（Geary）的理论推导，对于活化极化控制的腐蚀体系导出的极化阻力与腐蚀电流之间存在的关系式，在电化学测量的每一个时刻，i_k、b_a、b_c 都是定值。显然，在 E-i 极化曲线上，于腐蚀电位附近（<10 mV）存在一段近似线性区，ΔE 与 Δi 成正比而呈线性关系，此直线的斜率 $\frac{\Delta E}{\Delta i} E_k$ 就是极化阻力，从而引入了"线性极化"一词。即有：

$$R_p \equiv \frac{\Delta E}{\Delta i} E_k \tag{4-20}$$

R_p 恒等于腐蚀电位附近极化曲线线性段的斜率。令：

$$B = \frac{b_a b_c}{2.3(b_a + b_c)} \tag{4-21}$$

则有：

$$R_p = \frac{B}{i_k} \tag{4-22}$$

式（4-22）为线性极化方程式，很显然极化阻力 R_p 与腐蚀电流 i_k 成反比。但要计算腐蚀电流，还必须知道体系的塔菲尔常数 b_a 和 b_c，再从实验中测得 R_p 代入式（4-19）得到。对于大多数体系可以认为腐蚀过程中 b_a 和 b_c 总是不变的。确定 b_a 和 b_c 的方法有以下几种：

（1）极化曲线法：在极化曲线的塔菲尔直线段求直线斜率 b_a 和 b_c。

（2）根据电极过程动力学基本原理，由 $b_a = \dfrac{2.3RT}{(1-\alpha)n_aF}$ 和 $b_c = \dfrac{2.3RT}{\alpha n_cF}$ 公式求 b_a 和 b_c。该法的关键是要正确选择 α 值（α 值为 0~1 之间的数值），这要求对体系的电化学特征了解得比较清楚，例如：析 H_2 反应，在 20 ℃各种金属上反应 $\alpha \approx 0.5$，所以 b_c 值都在 0.1~0.12 V 之间。

（3）查表或估计 b_a 和 b_c。对于活化极化控制的体系，b 值范围很宽，一般为 0.03~0.18 V，大多数体系为 0.06~0.12 V。如果不要求精确测定体系的腐蚀速度，只是进行大量筛选材料和缓蚀剂以及现场监控时，求其相对腐蚀速度，这还是一个可用的方法。一些常见的腐蚀体系，已有许多文献资料介绍了 b 值，可以查表，关键是要注意使用相同的腐蚀体系，相同的实验条件和相同的测量方法的数据，才能尽量减小误差。

在腐蚀过程中，腐蚀电流密度（i_{corr}）表示在金属样品上，单位时间单位面积内通过的电量（C）。通过法拉第定律电化学当量换算，得到金属腐蚀速度：

$$V = \frac{i_{corr}}{F} \times \frac{W}{n} = \frac{i_{corr}}{F} \times N = 3.73 \times 10^{-4} i_{corr}N \tag{4-23}$$

式中　W——金属的相对原子质量；

$\quad\quad N$——金属离子的价数；

$\quad W/n$——金属 1 mol 的质量，g；

$\quad\quad F$——法拉第常数，96500 C 或 26.8 A·h。

由于采用不同的单位，腐蚀速度（$g/(m^2 \cdot h)$）可写成：

$$V = 3.73 \times 10^{-4} i_{corr}N \tag{4-24}$$

其通式为：

$$V = Ki_{corr}N \tag{4-25}$$

式中　K——常数。

用深度表示腐蚀速度（mm/a）：

$$D_{深} = \frac{V}{d} \tag{4-26}$$

得到：

$$D_{深} = 3.27 \times 10^{-3} i_{corr}N/d \tag{4-27}$$

其通式为：

$$D_{深} = Ki_{corr}N/d \tag{4-28}$$

实验设备及材料

恒电位仪，黄铜、金属镍或不锈钢试样，3.5% NaCl 溶液，砂纸，酒精，电解槽，参比电极（饱和甘汞电极），辅助电极（Pt 电极）。

实验步骤与方法

（1）试样准备：本实验采用黄铜、金属镍或不锈钢工作电极，饱和甘汞参比电极，辅助对电极，为三电极系统。

（2）试样处理：实验前应将试样的工作面积用 360 号砂纸打磨至光亮，除油（丙酮擦洗），清洗（蒸馏水），用电吹风吹干，留出工作面积为 1 cm²，其余封蜡（透明胶带纸封或 AB 胶封）。

（3）接上三电极体系，并用恒电位仪分别测出黄铜、金属镍或不锈钢在 3.5%NaCl 溶液中的极化曲线，用腐蚀分析软件 Cview 求出腐蚀电流，最后计算出金属的腐蚀速度。

实验报告要求

（1）根据实验所得数据填写表 4-4，并计算出各自的腐蚀速度。

表 4-4　实验数据记录表

项　目	黄　铜	金属镍	不锈钢
极化电阻值			
腐蚀速度			

（2）试述用线性极化法测金属腐蚀速度的基本原理。

（3）在应用线性极化技术测定金属腐蚀速度时，分析讨论影响测量准确性的因素。

4.2 金属材料结构分析实验

实验 4-6 X 射线衍射仪的结构原理与物相分析

实验目的

（1）了解布鲁克 D8 Advance 型 X 射线衍射仪（XRD）的结构和工作原理。

（2）练习用 PDF（ASTM）卡片及索引对多相物质进行物相定性分析。

实验原理

布鲁克 D8 Advance 型 X 射线衍射仪主要由陶瓷 X 光管、X 射线高压发生器、高精度测角仪、闪烁晶体探测器、计算机控制系统、循环水装置、数据处理及相关应用软件构成。

X 射线源由高压系统和 X 光管组成。X 光管发射出的单色 X 射线是进行 XRD 分析的入射光源。测角仪是 X 射线衍射仪的重要部分。在测角仪中，X 光管的焦点与计数管窗口分别位于测角仪圆周上，样品位于测角仪圆的中心。在入射和反射光路上还设有梭拉狭缝、发射狭缝、防散射狭缝和接收狭缝等。

入射 X 射线经狭缝照射到试样上，晶体中与样品表面平行的晶面，在符合布拉格条件时即可产生衍射，衍射线经单色晶体反射后被探测器所接收，所产生的电脉冲经放大后送至计数率仪，并在记录仪上画出衍射图，如图 4-11 所示。

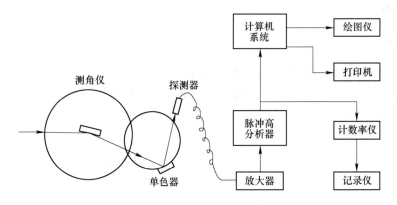

图 4-11　X 射线衍射仪工作原理示意图

（1）块体和粉末制备。金属样可以从大块中切割合适的尺寸，需磨平和磨光。粉末样品应有一定的粒度要求。根据粉末的数量，可将其压在玻璃制成的通框或浅框中。压制时一般不加黏合剂，所加压力以使粉末样品粘牢为限，压力过大可能导致颗粒的择优取向。当粉末数量很少时，可在平玻璃片上抹一层凡士林，再将粉末均匀覆上。

（2）测试参数的选择。测试之前，须确定的实验参数有很多，如 X 射线管阳极的种类、滤片、管电压、管电流等。衍射仪须设置的主要参数有：计数率仪的满量程，如每秒为 500 计数、1000 计数或 5000 计数等；计数率仪的时间常数，如 0.1 s、0.5 s、1 s 等；

测角仪连续扫描速度，如 0.01°/s、0.03°/s 或 0.05°/s 等；扫描的起始角和终止角等。此外，还可以设置寻峰扫描、阶梯扫描等其他方式。

（3）衍射图谱分析。衍射图谱上明显的衍射峰 2θ 值的测量可借助于三角板和米尺。将米尺的刻度与衍射角的坐标对齐，令三角板一直角边标沿米尺移动，另一直角边与衍射峰的对称（平分）线重合，并以此作为峰的位置。借助米尺，可估计出 2θ 值。随后，通过工具书查出对应的 d 值，再按衍射峰的高度估计出各衍射线的相对强度。有了 d 系列与 I 系列之后，以前反射区三根最强线为依据，查阅索引，用尝试法查找标准 d-I 数据卡（PDF 卡片），进行详细对照，确定物相。待确定好一个物相之后，将余下线条进行强度的归一化处理，再寻找第二个物相。以此类推，寻找第三、第四……个物相。目前，物相定性分析这一过程已经计算机化，如 Jade 等应用软件可以迅速准确地完成物相分析。

实验设备及材料

（1）布鲁克 D8 Advance 型 X 射线衍射仪。

（2）氧化铝粉末、铜箔和铝箔。

实验方法和步骤

（1）了解 X 射线衍射仪的结构及测角仪工作原理。

（2）学生分组，选择一个多相粉末混合物样品或块状平面多晶体试样，装入样品并调节样品高度。

（3）设置实验参数（管电压、管电流、扫描速度、扫描范围、步进等）。

（4）采集 XRD 谱。

（5）XRD 谱分析处理。

实验报告要求

（1）说明 X 射线衍射仪的结构和工作原理。

（2）对多相物质的衍射图谱（或实验数据）进行物相定性分析。

（3）分析总结 X 射线衍射物相分析的特点并写出体会。

实验 4-7 扫描电镜的构造及使用

实验目的

(1) 了解扫描电镜的构造及工作原理；

(2) 了解扫描电镜的基本操作方法；

(3) 掌握扫描电镜的二次电子像及断口形貌分析；

(4) 掌握扫描电镜的背散射电子像及高倍组织观察。

扫描电镜的构造、工作原理及其操作

1. 扫描电镜的构造

扫描电子显微镜（简称扫描电镜或 SEM）是目前较先进的一种大型精密分析仪器，它在材料科学、地质、石油、矿物、半导体及集成电路等方面得到了广泛的应用。其优点是：景深长、图像富有立体感；图像的放大倍率可在大范围内连续改变，而且分辨率高；样品制备方法简单，可动范围大，便于观察；样品的辐照损伤及污染程度较小；可实现多功能分析。

图 4-12 所示为 Sirion 200 扫描电镜外观照片，其构造可以借助图 4-13 来说明。它由四部分构成：电子光学系统，包括电子枪、电磁聚光镜和扫描线圈等；机械系统，包括支撑部分、样品室（可同时或分别装置各种样品台、检测器及其他附属装置）；真空系统；信号的收集、处理和显示系统。

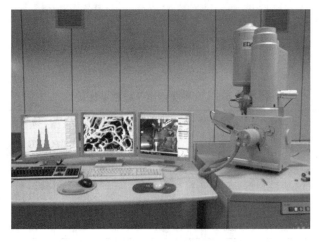

图 4-12 Sirion 200 扫描电镜外观照片

(1) 电子光学系统。这个系统包括电子枪、电磁聚光镜、扫描线圈及光阑组件。

电子枪：为了获得较高的信号强度和较好的扫描像，由电子枪发射的扫描电子束应具有较高的亮度和尽可能小的束斑直径。常用的电子枪有三种：普通热阴极三极电子枪、六硼化镧阴极电子枪和场发射电子枪，其性能如表 4-5 所示。前两种属于热发射电子枪，后一种则属于冷发射电子枪。由表 4-5 可以看出，场发射电子枪的亮度最高、电子源直径最小，是高分辨扫描电镜的理想电子源，当然其价格也是相当高的。从图 4-14 给出的电子枪构造示意图可以看到热电子发射型电子枪和热阴极场发射电子枪（FEG）的区别在于：热电子发射型电子枪在紧靠灯丝的下面有一个韦氏极（见图 4-14（a）），在韦氏极上加一个比灯丝更负的电压，这个电压称为偏压（bias voltage），这个偏压控制了电子束流和它的扩展状态。而对于热阴极场发射电子枪（FEG），不采用韦氏极，而是用吸出极和静电透镜（见图 4-14（b））。

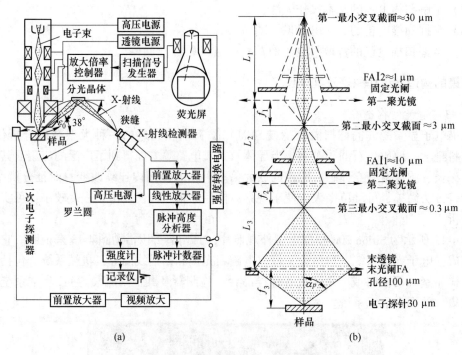

(a)   (b)

图 4-13   扫描电子显微镜构造示意图

（a）系统方框图；（b）电子光路图

表 4-5   几种类型电子枪性能比较

性 能		热 发 射		场 发 射		
		W	LaB$_6$	热阴极 FEG		冷阴极 FEGW（310）
				ZrO/W（100）	W（100）	
亮度（在 200 kV 时）/A·cm^{-2}·str^{-1}		约 5×10^5	约 5×10^6	约 5×10^8	约 5×10^8	约 5×10^8
光源尺寸		50 μm	10 μm	0.1~1 μm	10~100 mm	10~100 mm
能量发散度/eV		2.3	1.5	0.6~0.8	0.6~0.8	0.3~0.5
使用条件	真空度/Pa	10^{-3}	10^{-5}	10^{-7}	10^{-7}	10^{-8}
	温度/K	2800	1800	1800	1600	300
发射	电流/μA	约 100	约 20	约 100	20~100	20~100
	短时间稳定度	1%/h	1%/h	1%/h	7%/h	5%/15 min
	长时间稳定度	1%/h	3%/h	1%/h	6%/h	5%/15 min
	电流效率/%	100	100	10	10	1

续表 4-5

性　能	热　发　射		场　发　射		
	W	LaB$_6$	热阴极 FEG		冷阴极 FEGW（310）
			ZrO/W（100）	W（100）	
维修	无需	无需	安装时，稍费时间	更换时，要安装几次	每隔数小时必须进行一次闪光处理
价格/操作性	低/简单	低/简单	高/容易	高/容易	高/复杂

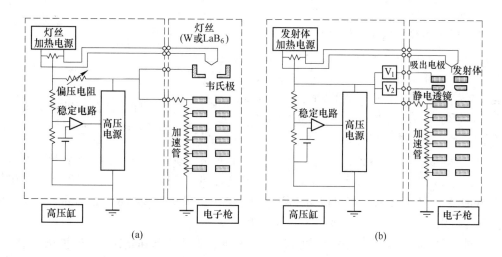

图 4-14　电子枪构造示意图

（a）热电子发射型电子枪的框图；（b）热阴极场发射电子枪的框图

电磁聚光镜：其功能是把电子枪发射的电子束束斑逐级聚焦缩小，因照射到样品上的电子束光斑越小，其分辨率就越高。扫描电镜通常都有三个聚光镜，前两个是强透镜，缩小束斑，第三个透镜是弱透镜，焦距长，便于在样品室和聚光镜之间装入各种信号探测器。为了降低电子束的发散程度，每级聚光镜都装有光阑。为了消除像散，装有消像散器。

扫描线圈：其作用是使电子束偏转，并在样品表面作有规则的扫动，电子束在样品上的扫描动作和在显像管上的扫描动作保持严格同步，因为它们是由同一扫描发生器控制的。图 4-15 示出电子束在样品表面进行扫描的两种方式。进行形貌分析时都采用光栅扫描方式，如图 4-15（a）所示。当电子束进入偏转线圈时，方向发生转折，随后又由下偏转线圈使它的方向发生第二次转折。发生二次偏转的电子束通过末级透镜的光芯射到样品表面。在电子束偏转的同时还带有一个逐行扫描动作，电子束在上下偏转线圈的作用下，在样品表面扫描出方形区域，相应地在样品上也画出一幅比例图像。样品上各点受到电子束轰击时发出的信号可由信号探测器接收，并通过显示系统在显像管荧光屏上按强度描绘出来。如果电子束经上偏转线圈转折后未经下偏转线圈改变方向，而直接由末级透镜折射到入射点位置，这种扫描方式称为角光栅扫描或摇摆扫描，如图 4-15（b）所示。入射束被上偏转线圈转折的角度越大，则电子束在入射点上摆动的角度也越大。

扫描电镜通过改变电子束偏转角度来实现放大倍率的调节。因为观察用的荧光屏尺寸是一定的，所以电子束偏转角越小，在试样上扫描面积越小，其放大倍率 M 越大：

$$M = \frac{A_c}{A_s} \qquad (4\text{-}29)$$

式中 A_c——CRT 上扫描振幅；

       A_s——电子束在样品表面扫描振幅。

放大倍率一般是 $20\sim20\times10^4$ 倍。

（2）机械系统。这个系统主要包括支撑部分和样品室。样品室中有样品台和信号探测器，样品台除了能夹持一定尺寸的样品，还能使样品作平移、倾斜、转动等运动，同时样品还可在样品台上加热、冷却和进行力学性能实验（如拉伸和疲劳）。

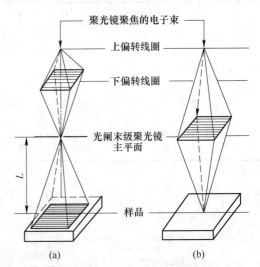

图 4-15   电子束在样品表面的扫描方式
（a）光栅扫描方式；（b）角光栅扫描方式

（3）真空系统。为保证扫描电子显微镜电子光学系统的正常工作，对镜筒内的真空度有一定的要求。一般情况下，如果真空系统能提供 $1.33\times10^{-2}\sim1.33\times10^{-3}\,Pa$（$10^{-4}\sim10^{-5}\,mmHg$）的真空度时，就可以防止样品的污染。如果真空度不足，除样品被严重污染外，还会出现灯丝寿命下降、极间放电等问题。

不同类型的扫描电镜对真空度的要求不尽相同，对于像 Sirion 200 型这种场发射扫描电镜而言，样品室的真空度一般不得低于 $1\times10^{-5}\,Pa$，它由机械真空泵和分子泵来实现；电镜镜筒和灯丝室的真空度不得低于 $4\times10^{-7}\,Pa$，它由离子泵来实现；先开机械泵预抽真空，达到所需真空度之后方可开机。在更换试样时，阀门会自动使样品室与镜筒部分隔开；更换灯丝时也可以将电子枪室与整个镜筒隔开，这样保持镜筒部分真空不被破坏。

（4）信号的收集、处理和显示系统。样品在入射电子束作用下会产生各种物理信号，有二次电子、背散射电子、特征 X 射线、阴极荧光和透射电子等。不同的物理信号要用不同类型的检测系统。它大致可分为三大类，即电子检测器、阴极荧光检测器和 X 射线检测器。下面介绍二次电子的信号检测与放大系统。

常用的检测系统为闪烁计数器，它位于样品上侧，由闪烁体、光导管和光电倍增器所组成，如图 4-16 所示。闪烁体一端加工成半球形，另一端与光导管相接，并在半球形的接收端喷镀几百埃厚的铝膜作为反光层，既可阻挡杂散光的干扰，又可作为高压电极加 $6\sim10\,kV$ 正高压，吸引和加速进入栅网的电子。另外在检测器前端栅网上加 $250\sim500\,V$ 正偏压，吸引二次电子，增大检测有效立体角。这些二次电子不断撞击闪烁体，产生可见光信号沿光导管先到光电倍增器进行放大，输出电信号可达 $10\,mA$ 左右，再经视频放大器稍加放大后作为调制信号，最后转换为在阴极射线管荧光屏上显示的样品表面形貌扫描图像，供观察和照相记录。通常荧光屏有两个，一个供观察用，一个供照相用；或者一个供高倍观察用，一个供低倍观察用。

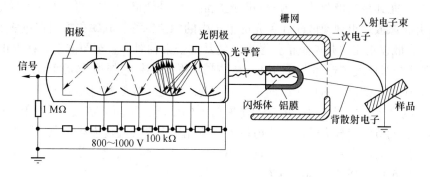

图 4-16 电子检测器

2. 扫描电镜的基本原理

电子枪的热阴极或场发射阴极发出的电子受阳极电压（1~50 kV）加热并形成笔尖状电子束，其最小直径为 10~50 μm 量级（场发射枪中为 100~1000 Å）。经过二或三个（电）磁透镜的作用，在样品表面会聚成一个直径可小至 10~100 Å 的细束，也称电子探针，携带束流量为 10^{-10} ~ 10^{-12} A。有时根据某些工作模式的要求，束流可增至 10^{-8} ~ 10^{-9} A，相应的束直径将变成 0.1~1 μm。在末透镜上部的扫描线圈作用下，细电子束在样品表面作光栅状扫描，即从左上方向右上方扫，扫完一行再扫其下相邻的第二行，直到扫完一幅（或帧）。如此反复运动。

3. 扫描电镜的调整

（1）电子束合轴。处于饱和的灯丝发射出的电子束通过阳极进入电磁聚光镜系统。通过三级聚光镜及光阑照射到试样上，只有在电子束与电子光路系统中心合轴时，才能获得最大亮度。调整电子束对中（合轴）的方法有机械式和电磁式。机械式是调整合轴螺钉，电磁式则是调整电磁对中线圈的电流，以此移动电子束相对光路中心位置达到合轴目的。这是一个细致工作，要反复调整，通常以在荧光屏上得到最亮的图像为止。

（2）放入试样。将试样固定在试样盘上，并进行导电处理，使试样处于导电状态。将试样盘装入样品更换室，预抽 3 min，然后将样品更换室阀门打开，将试样盘放在样品台上，在抽出试样盘的拉杆后关闭隔离阀。

（3）图像调整。

1）高压选择。扫描电镜的分辨率随加速电压增大而提高，但其衬度随电压增大反而降低，并且加速电压过高污染严重，所以一般在 20 kV 下进行初步观察，而后根据不同的目的选择不同的电压值。

2）聚光镜电流的选择。聚光镜电流与像质量有很大关系，聚光镜电流越大，放大倍数越高。同时，聚光镜电流越大，电子束斑越小，相应的分辨率也会越高。

3）光阑选择。光阑孔一般是 400 μm、300 μm、200 μm、100 μm 四档，光阑孔径越小，景深越大，分辨率也越高，但电子束流会减小。一般在二次电子像观察中选用 300 μm 或 200 μm 的光阑。

4）聚焦与像散校正。在观察样品时要保证聚焦准确才能获得清晰的图像。聚焦分粗调、细调两步。由于扫描电镜景深大、焦距长，所以一般采用高于观察倍数进行聚焦，然后再回过来进行观察和照相。即所谓"高倍聚焦，低倍观察"。像散主要是电磁聚光镜不对称造成的，尤其是当极靴孔变为椭圆时造成的，此外镜筒中光阑的污染和不导电材料的存在也会引起像散。出现像散时在荧光屏上产生的像会飘移，其飘移方向在过焦及欠焦时相差90°。像散校正主要是调整消像散器，使其电子束轴对称直至图像不飘移为止。

5）亮度与对比度的选择。要得到一幅清晰的图像必须选择适当亮度与对比度。二次电子像的对比度受试样表面形貌凸凹不平而引起二次电子发射数量不同的影响。通过调节光电倍增管的高压来控制光电倍增管的输出信号的强弱，从而调节荧光屏上图像的反差。亮度的调节是调节前置放大器的直流电压，使荧光屏上图像亮度发生变化。反差与亮度的选择则是当试样凸凹严重时，衬度可选择小一些，以达明亮对比清楚，使暗区的细节也能观察清楚。也可以选择适当的倾斜角，以达最佳的反差。

扫描电镜的二次电子像及断口形貌分析

1. 形貌衬度——二次电子（SE）像及其衬度原理

表面形貌衬度是利用对样品表面形貌变化敏感的物理信号作为调制信号得到的一种像衬度。因为二次电子信号主要来自样品表层 5~10 nm 深度范围，它的强度与原子序数没有明确的关系，但对微区刻面相对于入射电子束的位向却十分敏感。二次电子像分辨率比较高，所以适用于显示形貌衬度。

在扫描电镜中，若入射电子束强度 i_p 一定时，二次电子信号强度 i_s 随样品表面的法线与入射束的夹角（倾斜角）θ 增大而增大。或者说二次电子产额 $\delta(\delta = i_s/i_p)$ 与样品倾斜角 θ 的余弦成反比，即

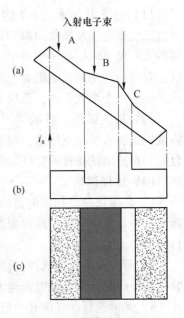

$$\delta = \frac{i_s}{i_p} \propto \frac{1}{cos\theta} \qquad (4\text{-}30)$$

如果样品是由图 4-17（a）所示那样的三个小刻面 A、B、C 所组成，由于 $\theta_C > \theta_A > \theta_B$，所以 $\delta_C > \delta_A > \delta_B$，如图 4-17（b）所示，结果在荧光屏上 C 小刻面的像比 A 和 B 都亮，如图 4-17（c）所示。因此在断口表面的尖棱、小粒子、坑穴边缘等部位会产生较多的二次电子，其图像较亮；而在沟槽、深坑及平面处产生的二次电子少、图像较暗，由此而形成明暗清晰的断口表面形貌衬度。

2. 典型断口形貌观察

断口分析主要包括典型的韧窝断口、解理断口、准解理断口、脆性沿晶断口和疲劳断口等。断口的微观观察经历了光学显微镜（观察断口的实用倍数是在 50~500 倍）、透射电子显微镜（观察断口的实用倍数是在 1000~40000 倍）和扫描电子显微镜（观察断口的实用倍数是在 20~10000 倍）三个阶段。因为断口是一个凹凸不平的粗糙表

图 4-17　形貌衬度原理

面，观察断口所用的显微镜要具有最大限度的焦深，尽可能宽地放大倍数范围和高的分辨率。扫描电子显微镜最能满足上述的综合要求，故近年来对断口观察大多用扫描电镜进行。

通过断口的形貌观察与分析，可研究材料的断裂方式（穿晶、沿晶、解理、疲劳断裂等）与断裂机理，这是判别材料断裂性质和断裂原因的重要依据，特别是材料的失效分析中，断口分析是最基本的手段。通过断口的形貌观察，还可以直接观察到材料的断裂源、各种缺陷、晶粒尺寸、气孔特征及分布、微裂纹的形态及晶界特征等。

几种典型断口的扫描电镜图像：

（1）韧窝断口。韧性断裂断口的重要特征是在断面上存在"韧窝"花样。韧窝的形状有等轴形、剪切长形和撕裂长形等，如图4-18所示。

（2）解理断口。典型的解理断口有"河流"花样，如图4-19所示。众多的台阶汇集成河流状花样，"上游"的小台阶汇合成"下游"的较大台阶，河流的流向就是裂纹扩展的方向。"舌状"花样或"扇贝状"花样也是解理断口的重要特征之一。

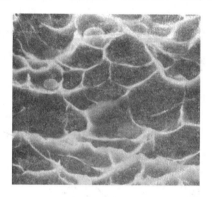 

图4-18　韧性断口上的韧窝形貌（1000×）　　图4-19　解理断裂中的"河流"花样（1000×）

（3）准解理断口。准解理断口实质上是由许多解理面组成，如图4-20所示。在扫描电子显微镜图像上有许多短而弯曲的撕裂棱线条和由点状裂纹源向四周放射的河流花样，断面上也有凹陷和二次裂纹等。

（4）脆性沿晶断口。沿晶断裂通常是脆性断裂，其断口的主要特征是有晶间刻面的"冰糖状"花样。如图4-21所示，但某些材料的晶间断裂也可显示出较大的延性。此时断口上除呈现晶间断裂的特征外，还会有"韧窝"等存在，出现混合花样。

 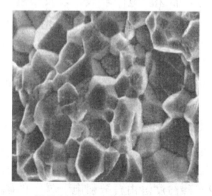

图4-20　准解理断裂断口（1000×）　　图4-21　沿晶断裂的"冰糖状"花样（1000×）

（5）疲劳断口。疲劳断口在扫描电镜图像上呈现一系列基本上相互平行、略带弯曲、呈波浪状的条纹，如图4-22所示。每一个条纹是一次循环载荷所产生的，疲劳条纹的间距随应力场强度因子的大小而变化。

3. 二次电子像观察实验步骤

（1）试样准备。要求断口保存得尽量完整、特征原始；尽量不产生二次损伤。对断口上附着的腐蚀介质或污染物，还需进行适当清理。当样品体积太大时，还需分解或切割。

（2）断口形貌观察。将准备好的样品用导电胶粘在样品座上，抽真空。进行断口形貌观察。

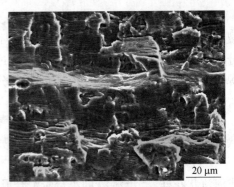

图 4-22　疲劳断口形貌

扫描电镜的背散射电子像及高倍组织观察

扫描电镜的主机工作于二次电子（SE）成像模式，但是二次电子信号与背散射电子关系密切，而且一种图像只是样品的一种再现形式，所以研究纯背散射电子像是很有意义的。

1. 背散射电子的成像

这里提到的背散射电子是指能量大于 50 eV 的全部背散射电子。由于样品的背散射系数随元素的原子序数增加而增加，如图 4-23 所示，所以背散射电子像可以反映样品表面微区平均原子序数衬度。样品平均原子序数高的微区在图像上较亮。这样在观察形貌组织的同时也反映了成分的分布。背散射电子能量较高，离开样品表面后沿直线轨迹运动，出射方向基本不受弱电场影响，因而探头检测到的背散射电子强度要比二次电子的低得多，并且有阴影效应。由于产生背散射电子的样品深度范围较大，以及信息检测效率较低，因此图像的分辨率比二次电子像要低。

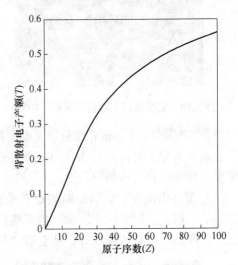

图 4-23　背散射电子产额（T）
与原子序数（Z）的关系

2. 背散射电子像的衬度

（1）形貌衬度和成分衬度。背散射电子信号随原子序数的变化比二次电子的变化显著得多，因此图像应有较好的成分衬度。但是与二次电子像类似，成分衬度与形貌衬度常同时存在，所以需要加以分离。背散射电子信号与样品形貌的关系决定于两个因素：第一，样品表面的不同倾角会引起发射电子数的不同，此外，即使倾角一定但高度有突变，背散射电子数也会改变；第二，由于探测器方位不同而收集到信号电子数不同。

（2）磁衬度。由背散射电子显示的磁衬度通常称为第二类磁衬度，它是铁磁体磁畴的自感强度对背散射电子的 Lorentz 作用力所形成的。

3. 背散射电子像的分辨率

一般说来，当电子束垂直入射时，背散射电子像的分辨率受其信号电子的总发射宽度所限制。目前商用探头的指标一般为：平均原子序数分辨率 $\Delta Z<1$，空间分辨率 $\delta\cong80$ Å。

实验步骤与方法

（1）背散射电子像观察。不同型号的扫描电镜背散射电子探测器有所不同，大体上有三种类型：一种是和二次电子共用一个探测器，只是改变探测器收集极上的电压值来排除二次电子信号，如 PSEM-500 型扫描电镜；另一种是有单独的背散射电子接收附件，在操作时将背散射电子探测器送到镜筒中，并接通相应的前置放大器，如 S-550 型扫描电镜；再一种是采用两个单独设置的背散射电子探测器对称地安置在试样上方，如 Sirion 200 型扫描电镜，单独的背散射电子探测器通常采用 P-N 半导体制成。

Sirion 200 型扫描电镜接收背散射电子像的方法是将背散射电子检测器送入镜筒中，将信号选择开关转到 BSE 位置接通背散射电子像的前置放大器。图 4-24 是亚共析钢中铁素体和珠光体的二次电子及背散射电子像的比较。图 4-25 是半导体器件断口的二次电子像及背散射电子像的比较。两组图对照观察，背散射电子像阴影效应明显，像分辨率较低。由于背散射电子像信号弱，所以在观察中要加大束流，并采用慢速扫描。

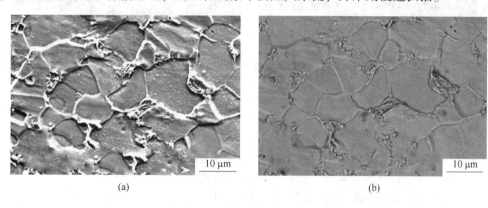

（a）　　　　　　　　　　　　　　　（b）

图 4-24　亚共析钢中铁素体和珠光体的 SEM 形貌
（a）二次电子（SE）像；（b）背散射电子（BSE）像

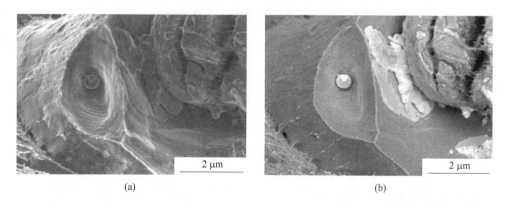

（a）　　　　　　　　　　　　　　　（b）

图 4-25　半导体器件断口的 SEM 形貌
（a）二次电子（SE）像；（b）背散射电子（BSE）像

（2）金相样品深浸蚀后的高倍组织观察。金相样品深浸蚀后在扫描电镜下做高倍组织观察，不仅可以得到与透射电镜复型技术相似的效果，而且可以得到富有立体感的图像。根据需要选择不同的腐蚀剂对金相样品进行深浸蚀，选择要保留的相，溶解掉不需要的相。保留相凸出在外，只留一小部分埋在基体中。目前广泛采用的深浸方法有酸浸深腐蚀、热氧化腐蚀、离子刻蚀、离子轰击浸蚀等。低熔点合金还可以采用选择升华方法将可挥发的基体变成气相挥发出去，而保留不挥发相。对不挥发相进行观察。深浸蚀后的金相试样特别适合对夹杂物及第二相的形态和分布进行观察。图 4-26 是氧化锆陶瓷深浸蚀后的 SEM 形貌。

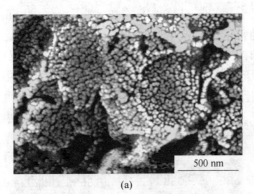 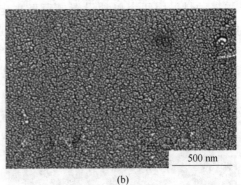

(a)   (b)

图 4-26　氧化锆陶瓷深浸蚀后的 SEM 形貌

（a）断口形貌；（b）烧结体表面形貌

实验报告要求

（1）简要说明电子显微分析的基本原理及扫描电镜各部分的作用。

（2）给出某个断口形貌从低倍到高倍的系列图像。

（3）简述扫描电镜分析中背散射电子像的原理。

（4）说明扫描电镜成分衬度像—背散射电子像的特点，与二次电子像的异同。

（5）说明扫描电镜在金相组织分析中的特点及应用。

5 研究创新性与模拟仿真实验

实验 5-1 金属材料的强韧化设计

实验目的

（1）结合相关课程所学的理论和文献资料，对给定级别钢种进行强韧性设计；

（2）掌握各类钢的强韧性设计原理和步骤。

实验原理

钢的强度及塑韧性主要由钢的成分、加工工艺和最终组织状态来决定的。钢有四种基本强化机制，即固溶强化、位错强化、细晶强化和第二相强化；钢的韧化机制主要有制造工艺韧化、细晶韧化、微合金化韧化、晶界化学韧化。

钢的强韧性设计采取哪些强化机制和韧化机制，首先要根据钢的性能要求和必须保证的性能指标，其次要选择恰当的强韧化方法，最后还要满足经济性和环保性。

各种强化机制和各类钢的强韧性计算都有一些理论计算公式和经验公式，在进行各种钢的强韧性设计时一定要选用正确的公式进行计算。如微合金钢和高强度低合金钢，由于固溶元素少、相互作用弱，可直接用式（5-1）计算：

$$\sigma_{ss} = \sum k_{mi}[Mi] \tag{5-1}$$

式中 k_{mi}——强化系数，一般与该元素在基体中的最大溶解度倒数成正比。

第二相强化通常用式（5-2）计算：

$$\sigma = \frac{5.9f^{1/2}}{\bar{X}}\ln(\bar{X}/2.5 \times 10^{-4}) \tag{5-2}$$

式中 f——第二相质点的体积分数；

$\bar{X}$——第二相质点的平均尺寸。

细晶强化的理论公式就是 Hall-Petch 根据位错理论提出了屈服强度 σ_s 与晶粒尺寸 D 的计算公式：

$$\sigma_s = \sigma_i + KD^{-1/2} \tag{5-3}$$

铁素体钢的 K 值，可以取 $17.4\,N \cdot mm^{-3/2}$，包含着不可避免的残留元素（如 Mn、Si、N 等）对位错滑动的阻力。对于铁素体-珠光体组织的低碳钢经过实验确定这些元素的作用，因此 Hall-Petch 公式可以改写为

$$\sigma_s = \sigma_0 + [3.7w(Mn) + 8.3w(Si) + 294.8w(N) + 1.51\,D^{-1/2}] \times 9.8 \tag{5-4}$$

根据位错理论可以推导出位错强化理论计算公式，在一般情况下，流变切应力 τ 与位错密度的平方根呈线性关系，即：

$$\tau = \tau_0 + aGb\sqrt{\rho} \tag{5-5}$$

式中 τ_0——无形变强化对位错滑移所需要的切应力；

  G——材料的切变模量；

  b——位错柏氏矢量；

  a——取决于材料特性的常数，一般为 0.3~0.5。

Pickering 对低碳钢提出韧脆转折温度的表述式：

$$T_c = a - bd^{-1/2} \tag{5-6}$$

式中，a 包括了除晶粒直径外其他所有因素对韧脆转变温度的影响，而一般 $b = 11.5$ ℃/mm$^{-1/2}$，当铁素体直径由 20 μm 细化到 5 μm 时，韧脆转变温度下降 81 ℃，晶粒细化的脆化矢量为 -0.8 ℃/MPa，而析出强化的脆化矢量为 0.40 ℃/MPa（脆化矢量就是强度增加 1 MPa 时韧脆转变温度的变化量）。

在钢的设计中，钢的组织非常重要，一定的组织对应着一定的性能。普通低合金钢一般热轧态随后冷却就可以得到铁素体-珠光体组织，满足一般结构件的性能。低碳贝氏体组织可以由几种方法得到，首先是钢中加合金元素 Mo 和 B 空气冷却，其次是微合金钢以快速冷却，通常都能获得贝氏体组织。针状铁素体组织要求钢中含有 Ti 元素或者以一定速度冷却才能得到。钢的索氏体组织采用淬火和高温回火的调质处理工艺很容易形成。

因此，钢的强韧化设计要进行化学成分设计和热加工工艺设计，两者有机结合才能得到所希望的组织，才能得到所设计钢种要求的性能。

实验设备及材料

（1）设备：金相显微镜，实验热处理炉。

（2）材料：普通低合金钢、低碳贝氏体钢、针状铁素体钢、机械结构用钢。盛装各种介质的冷却槽（水、盐水、油和各种盐浴）。

实验内容

（1）钢种的成分设计：500 MPa、600 MPa 级普通低合金钢，600 MPa、800 MPa 级低碳贝氏体钢，500 MPa、700 MPa 级针状铁素体钢，800 MPa、1000 MPa 级机械结构用钢。

（2）钢种的工艺设计与实验。

1）对获取一定级别普通低合金钢的铁素体-珠光体组织进行工艺设计与实验。

2）对获取一定级别用途低碳贝氏体钢的低碳贝氏体组织进行工艺设计与实验。

3）对获取一定级别用途针状铁素体钢的针状铁素体组织进行工艺设计与实验。

4）对获取一定级别机械结构用钢的调质态或非调质态组织进行工艺设计与实验。

实验步骤

（1）复习"材料强韧性设计"的基本内容。

（2）查阅相关设计内容的文献资料并写出简要总结。

（3）对给定条件的钢种进行强韧性设计。

1）根据设计钢种强度级别和特殊性能要求确定合金系和钢中的合金元素；

2）根据设计钢种强度级别和特殊性能要求确定合金元素的含量范围；

3）根据设计钢种强度级别和韧性要求确定强韧化机制；

4）根据设计钢种强度级别和韧性要求确定轧制制度和轧后冷却制度或热处理制度；

5）根据制造工艺制度，确定或测试各类组织参量，如晶粒大小、位错密度、第二相颗粒大小、组织片层间距大小等；

6）对各种强化机制的作用大小进行定量计算，写出计算过程；

7）对各种韧化机制的作用要求和大小分别进行说明和计算；

8）对各种强化机制的作用大小和韧化机制的作用大小进行求和并与设计要求进行比对；

9）如设计的强韧性不合要求则重新进行新一轮强韧性设计；

10）对给定条件的钢种进行强韧性设计过程总结。

（4）对所设计的钢种要求的组织进行工艺实验。

1）确定所设计钢种的热处理工艺；

2）准备完成所设计钢种的热处理工艺、小型热处理炉和各种介质冷却槽；

3）按照所设计钢种的热处理工艺制度升温、保温和冷却；

4）用金相显微镜进行组织观察和拍照；

5）如组织不合钢种设计要求，重新制定新的热处理工艺；

6）按照新的热处理工艺重新进行新一轮工艺实验；

7）对所要求组织工艺实验进行总结。

实验注意事项

（1）认真查阅文献10篇以上，每组中每个学生至少有3篇论文不同于其他学生。

（2）各类组织参量的取值，计算所选取公式的正确性和计算的准确性。

（3）实验中可采取等温处理，正确选取冷却介质，注意组织的准确辨认。

（4）热处理时注意不要烫伤。

实验报告要求

（1）写出所查阅的相关文献资料总结。

（2）写出给定条件的钢种强韧性设计的定量计算过程和总结。

（3）记录给定条件的钢种强韧性所要求组织的工艺实验过程、参数、照片。

（4）写出数据分析处理过程。

实验 5-2   铝合金的半固态锻挤成形

实验目的

（1）通过综合实验设计能够使学生通过实验研究加深对半固态坯料制备、半固态加热以及锻挤成形工艺过程的理解和实际运用；

（2）培养学生综合运用所学知识独立分析和解决半固态成形工艺相关问题的能力；

（3）通过实验进一步了解和认识半固态锻挤成形工艺原理和优点。

实验原理

金属材料半固态加工是在金属浆料凝固过程中，对其施以剧烈搅拌或者通过控制凝固条件，抑制树枝晶的生成或破碎已生成的树枝晶，形成具有近球形的初生固相均匀分布于液相中的半固态浆料，然后对其进行锻造、挤压或压铸成形。根据成形工艺路线不同，金属材料半固态加工可以分为触变成形和流变成形：触变成形是对所制备的半固态坯料进行二次重熔加热，到半固态温度区间后再进行压力加工；流变成形是通过控制冷却液态浆料后在半固态温度区间直接对浆料进行成形的工艺过程。依据上述原理进行以下方面的实验设计，对半固态锻挤成形进行创新性实验研究。

（1）A356 铝合金半固态坯料制备。

（2）A356 铝合金半固态坯料二次加热研究（如二次加热温度、保温时间等的影响）。

（3）A356 铝合金半固态锻挤成形。

学生可根据上述三个研究内容进行实验方案的设计，并自定实验研究题目。

实验设备与材料

（1）实验材料：A356 铝合金。

（2）实验设备：100~200 t 四柱液压机、坩埚、电阻炉、温度控制箱、金相显微镜。

实验方法和步骤

（1）实验前查阅相关文献资料。

（2）根据实验内容设计实验方案。

（3）根据实验方案进行半固态锻挤成形实验。

（4）测量各种参数并对实验结果进行分析。

实验报告要求

（1）具体的实验内容（名称）。

（2）实验的目的及意义。

（3）实验材料、仪器设备与实验方法。

（4）实验结果分析与讨论。

（5）结论。

实验 5-3　板带轧制过程组织性能的控制

实验目的

（1）了解板带热轧过程组织演变的基本原理；

（2）分析工艺参数对热轧带钢组织演变的影响规律。

实验原理

1. 控制轧制与控制冷却的基本原理

轧材质量控制目标有两个：一是改善组织性能；二是控制几何形状尺寸。而在热轧过程组织性能控制的关键在于变形过程控制变形条件，如变形量的大小、变形温度、变形速度、变形区几何学等，从而可以控制产品的组织结构、应力分布、细化晶粒等，提高产品的强度、韧性和其他物理性能和化学性能。因而需加强变形过程中形变与相变、变形与温度耦合的有利作用，充分发挥固溶强化、位错强化、细晶强化、沉淀强化和聚合型相变强化等强化作用，实现组织纯净化、精细化和均匀化控制，从而获得良好的强韧性匹配。

控制轧制和控制冷却（controlled rolling and controlled cooling）是目前广泛应用的有效实现材料细晶强韧化新技术。在 C、Mn 的化学成分上结合微量合金元素 Nb、V、Ti 的有利作用，在轧制过程中，通过控制加热温度、开轧温度、变形量、变形速率、终轧温度和轧后冷却等工艺参数，把钢的形变再结晶和相变效果联系起来，以细化晶粒为主，并通过沉淀强化、位错亚结构强化，充分挖掘钢材强韧性的潜能，使热轧状态钢材具有优异的低温韧性和强度配合。

依据变形温度和变形后钢中再结晶过程的特征，可以将轧制温度区间分成具有不同特点的阶段：奥氏体再结晶区轧制（Ⅰ型控轧）、奥氏体未再结晶区轧制（Ⅱ型控轧）和（$\gamma+\alpha$）两相区轧制。

（1）奥氏体再结晶区轧制。再结晶区轧制通过再结晶进行使得奥氏体晶粒细化，进而细化了铁素体晶粒。此阶段中奥氏体的进一步细化较为困难，它是控制轧制的准备阶段。

（2）奥氏体未再结晶区轧制。钢铁材料在奥氏体未再结晶区轧制时不发生再结晶。塑性变形使奥氏体晶粒拉长，在晶粒内形成变形带。变形奥氏体晶界是奥氏体向铁素体转变时铁素体优先形核的部位。随着变形量的加大，奥氏体晶粒被拉长，将阻碍铁素体晶粒的长大，同时变形带的数量也增加，而且在晶粒间分布得更加均匀。这些变形带也提供了相变时的形核位置。因而，相变后的铁素体晶粒也更加均匀细小。

（3）（$\gamma+\alpha$）两相区轧制。在这一温度范围变形使奥氏体晶粒继续拉长，在其晶粒内部形成新的滑移带，并在这些部位形成新的铁素体晶核而先析出铁素体。经变形后，铁素体晶粒内部形成大量位错，并且这些位错在高温形成亚结构，使强度提高，脆性转变温度降低。

在实际的控制轧制中，一般采用上述几种方式的组合，如高温变形阶段，通过奥氏体再结晶区轧制，得到等轴细小的奥氏体再结晶晶粒；在奥氏体未再结晶区轧制得到"薄饼形"未再结晶的晶粒，晶内出现高密度的形变带，从而有效增加晶界面积。控制轧制的三种类型如图 5-1 所示。

控制冷却能够在不降低韧性的前提下进一步提高钢的强度，通过控制热轧钢材轧后冷却条件来控制奥氏体组织状态、相变条件、碳化物析出行为、相变后钢的组织和性能。通过冷却速度和冷却路径的变化，可以获得具有不同性能的显微组织。

2. 热轧双相钢组织性能控制原理

双相钢具有良好的强度与塑性的匹配，低的屈强比和高的加工硬化率，是目前广泛应用于汽车制造的先进高强钢之一。其良好的力学性能与成形性能是由其独特的铁素体和马氏体双相组织决定的。

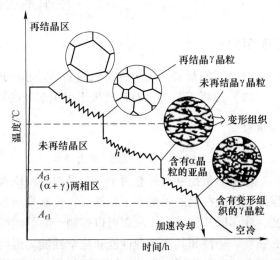

图 5-1　三种不同控制轧制方式组织演变示意图

热轧双相钢的两相组织中铁素体与马氏体相变分别发生在不同温度区间，采用低温卷取工艺生产热轧铁素体马氏体双相钢，关键在于控制两段水冷间隔空冷过程铁素体转变和第二段水冷后低温卷取的马氏体转变。在轧制工艺确定的条件下，两段水冷间隔空冷开始温度和空冷时间影响铁素体转变体积分数、形态和晶粒尺寸，从而也影响了残余亚稳奥氏体的体积分数和分布；第二段水冷快速冷却速度保证亚稳奥氏体不发生珠光体和贝氏体转变；卷取温度影响亚稳奥氏体的转变，进而也影响马氏体的自回火过程和铁素体的过时效过程。低温卷取铁素体马氏体双相钢相变如图 5-2 所示。

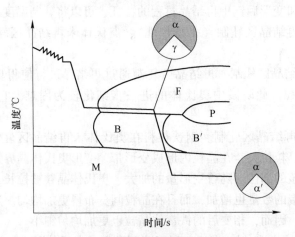

图 5-2　低温卷取 F+M 双相钢相变示意图
（B′为残余亚稳奥氏体的贝氏体转变区）

实验设备与材料

热轧板带组织性能控制实验在多功能热轧机上完成，其实验装置包括高温加热炉、二辊热轧机、轧后控制冷却系统和退火炉。实验材料采用 C-Si-Mn-Cr 低合金钢坯料，长×宽×高为 100 mm×80 mm×40 mm，化学成分见表 5-1。

表 5-1　热轧双相钢化学成分（质量分数）　　　　　　　（%）

元素	C	Si	Mn	Cr	P	S
含量	0.07	0.6	1.5	0.6	0.009	0.007

实验方法和步骤

热轧双相钢组织性能控制实验工艺方案如图 5-3 所示。

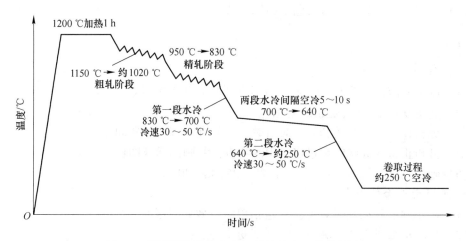

图 5-3　低温卷取热轧双相钢控轧控冷工艺示意图

（1）坯料放入 1200 ℃ 加热炉中加热保温 1 h，使实验钢完全奥氏体化。

（2）坯料人工出炉，去除氧化铁皮后，由二辊热轧机入口侧送入轧机进行轧制，粗轧 4 道次，压下量分别为 27.5%、31.0%、30.0% 和 28.6%，中间坯厚度 10 mm，精轧 3 道次，累积变形量 65%，成品厚度 4.0 mm。

（3）轧后快速进入控制冷却区域进行分段冷却，其中第一段水冷冷速要求 30~50 ℃/s，水冷终止温度 700 ℃，空冷 5~10 s 以促进先共析铁素体转变，而后进入第二段水冷，水冷冷速要求 30~50 ℃/s，终冷温度 250 ℃，空冷模拟低温卷取。

（4）控制不同终轧温度，第一段水冷终止温度和空冷时间，分别在热轧板上取样分析力学性能和观察显微组织，进行实验结果分析，完成实验报告。

实验报告要求

（1）根据力学拉伸实验结果，绘制热轧双相钢应力-应变曲线。

（2）观察热轧双相钢显微组织，分析组织与性能关系。

（3）分析终轧温度、第一段水冷出口温度和空冷时间对于热轧双相钢组织和性能的影响。

实验 5-4　材料热处理综合实验

实验目的

（1）根据材料成分与组织性能的关系，制定合理的热处理工艺，掌握热处理操作过程；

（2）加深对不同热处理工艺将获得不同硬度及金相组织的理解；

（3）了解常用热处理设备及温度控制方式。

实验内容

1. 2024 铝合金的固溶淬火及时效

（1）制定固溶淬火及时效工艺（包括自然时效和人工时效）；

（2）制定获得 2024 过烧组织的工艺；

（3）分析比较自然时效和人工时效时，时效硬化规律的异同点；

（4）分析正常淬火组织和过烧组织的特点，并画出示意图；

（5）硬度测试采用 HB（ϕ5 mm 钢球，250 kgf/30 s）。

2. 7075 铝合金的淬火及时效

（1）制定固溶淬火及时效工艺（包括单级时效和双级时效）；

（2）比较单级时效和双级时效时硬度变化特点；

（3）分析淬火组织的特点，并画出示意图；

（4）硬度测试采用 HB（ϕ5 mm 钢球，250 kgf/30 s）。

3. QBe2 铍青铜淬火及时效

（1）制定 QBe2 固溶淬火及时效工艺；

（2）测定时效硬化曲线；

（3）比较原始态、淬火态及时效后硬度变化规律；

（4）制定产生不连续脱溶的时效工艺；

（5）观察固溶淬火、时效组织，并比较不连续脱溶组织与正常时效组织的特点；

（6）硬度测试采用 HV。

4. H68 黄铜的退火

（1）制定 H68 黄铜退火工艺；

（2）测定 H68 黄铜退火温度与硬度变化规律；

（3）比较不同退火温度下晶粒大小（与标准图谱比较）；

（4）比较原始态（变形态）组织及退火态组织的特点；

（5）硬度测试采用 HB（ϕ5 mm 钢球，250 kgf/30 s）。

5. 碳钢的退火与正火

材料：工业纯铁、20 钢、45 钢、T8 钢、T12 钢。

要求：

（1）制定退火及正火工艺；

（2）比较不同含碳量对退火组织及硬度的影响；

（3）比较不同含碳量对正火组织及硬度的影响；

（4）硬度测试采用 HRB 或 HB（ϕ1.588 mm 钢球或 ϕ5 mm 钢球，250 kgf/30 s）。

6. 碳钢的淬火

材料：20 钢、45 钢、T8 钢、T12 钢。

要求：

（1）制定淬火工艺；

（2）分析不同含碳量对淬火组织及硬度变化的影响规律；

（3）硬度测试采用 HRC（金刚石压头，150 kgf/10 s）。

7. 钢的淬火及回火

材料：45 钢、T10 钢和轴承钢 GCr15。

要求：

（1）制定淬火及回火工艺；

（2）分析比较三种钢的淬火及回火组织；

（3）研究不同温度回火时硬度变化规律；

（4）硬度测试采用 HRC。

8. T12 钢和 GCr15 的球化退火

（1）制定球化退火工艺及 T12 钢普通退火工艺；

（2）比较普通退火和球化退火组织及硬度的差异；

（3）比较普通球化退火和等温球化退火组织及硬度的差异；

（4）硬度测试采用 HRB 或 HB。

9. 20CrMnTi 钢渗碳

材料：20CrMnTi 钢，采用固体渗碳（渗碳剂为木炭、碳酸钡和碳酸钠）。

要求：

（1）制定渗碳工艺；

（2）分析渗碳后退火状态下从表面至中心部分的显微组织；

（3）制定渗碳后 20CrMnTi 钢的热处理工艺；

（4）测定从渗层到中心的硬度变化；

（5）硬度测试采用 HV。

实验组织和程序

（1）每班可分为 8~9 组，每组 3~4 人，任选上述实验内容中的有色合金和钢的热处理实验各 1 项。

（2）要求每组学生自己查阅资料，拟定实验方案，经教师审批后进行实验。

（3）实验后由教师组织学生进行交流、讨论和总结。

实验报告要求

（1）写出实验名称与实验方案（包括整体方案和本人负责部分的方案）。

（2）记录实验数据及总结实验结果。

（3）分析实验结果的规律性。

（4）显微组织均需画出示意图，并作出说明和比较。

实验 5-5　机器人焊接实验

实验目的

（1）掌握焊接机器人的结构及其应用方面的知识；

（2）了解焊接机器人的工作原理。

实验原理

焊接机器人是一种高度自动化的焊接设备，其工作原理主要基于计算机技术、传感器技术和焊接技术等多个领域的结合。焊接机器人通常由机器人本体、控制柜、传感器及系统安全保护设施、焊接装置等部分组成。机器人本体，一般是伺服电机驱动的 6 轴关节式操作机，它由驱动器、传动机构、机械手臂、关节以及内部传感器等组成，其任务是精确地保证机械手末端（焊枪）所要求的位置、姿态和运动轨迹。机器人控制柜是机器人系统的神经中枢，包括计算机硬件、软件和一些专用电路，负责处理机器人工作过程中的全部信息和控制其全部动作。焊接装置包括焊接电源、专用焊枪、焊接工装夹具等。在工作时，焊接机器人通过控制器进行编程和任务调度，利用传感器进行环境感知和定位，实现精确的焊接操作。

编程与任务调度：操作人员通过控制器对焊接机器人进行编程，设定焊接轨迹、速度、工艺参数等任务指令。

视觉传感器：焊接机器人利用传感器（如视觉传感器等）对工作环境进行扫描，获取焊缝位置、形状等信息。

末端执行器：末端执行器或焊接工具，是焊接机器人的关键组件。它持有焊接喷枪，设计用于各种焊接技术，如电弧焊、点焊和激光焊。末端执行器的设计和精度显著影响机器人实现高质量焊接的能力。

协作机器人技术：先进的焊接机器人配备了协作功能，使它们能够与操作人员一起工作。这种协作方法优化了人类和机器人的优势，提高了工作场所的总体生产力和安全性。

实验设备及材料

（1）库卡焊接机器人（KUKA 机器人焊接说明书）。

（2）焊接件。

实验方法和步骤

（1）正确开机顺序：

开机器人控制柜→开焊机电源→开水箱电源和除尘设备电源。

（2）开机完成，机器人启动至自动模式，点击程序"cell"，点击"确定"。

（3）开机初始化。

（4）开启焊机，需要先逆时针旋转开关，再顺时针旋转开关，直至垂直状态，左下方指示灯点亮。

（5）检查水气单元是否正常。

（6）采用机器人的手控操作盘（如图5-4所示）进行操作。

图5-4 KUKA机器人手控操作盘

①—2个有盖子的USB 2.0接口，USB接口可用于存档等；②—用于拔下smartPAD的按钮；③—运行方式选择开关，开关可按带钥匙、不带钥匙选型进行设计；④—紧急停止装置，在危险情况下，用紧急停止装置停止机器人；⑤—使用6D鼠标可以手动移动机器人；⑥—运行键，用运行键手动运行机器人；⑦—有尼龙搭扣的手带；⑧—用于设定程序倍率的按键；⑨—用于设定手动倍率的按键；⑩—连接线；⑪—用户按键，用户按键的功能可自由编程设定；⑫—启动键，通过启动键可启动一个程序；⑬—启动反向键，通过该按键可在程序中反向运行坐标系；⑭—停止键，用停止键可停止运行中的程序；⑮—键盘按键，显示键盘；⑯—主菜单按键，主菜单按键用于在smartHMI上显示和隐藏主菜单

（7）选择或编辑程序，并启动程序进行焊接，到达目标位置后自动停止。创建程序模块，在编程模块可以创建程序模块。

（8）带上保护眼睛的用具，开始进行焊接操作。

（9）焊接程序的备份和还原。

（10）正确关机顺序：

关机器人控制柜→关焊机电源→关水箱电源和除尘设备电源。

（11）停机后，清理各部位灰尘、油污、杂物等。

实验报告要求

（1）根据焊接实验报告的填写要求说明KUKA机器人的系统组成。

（2）阐明焊接机器人的工作流程。

（3）评定焊缝表面质量。

实验 5-6　典型零件材料的选择和应用

实验目的

(1) 了解典型零件材料的选用原则；

(2) 掌握典型零件的热处理工艺和加工工艺；

(3) 学会分析每道热处理工艺后的显微组织。

实验原理

1. 选材的一般原则

机械零件产品的设计不仅要完成零件的结构设计，还要完成零件的材料设计。零件的材料设计包含两方面的内容：一是选择适当的材料满足零件的设计及使用性能要求；二是根据工艺和性能要求设计最佳的热处理工艺和零件加工工艺。

选材的一般原则是材料具有可靠的使用性、良好的工艺性，制造产品的方案具有最高的劳动生产率、最少的工序周转和最佳的经济效益。

(1) 材料的使用性能。材料的使用性能包括力学性能、物理性能和化学性能等。

工程设计中人们所关心的是材料的力学性能。力学性能指标包括屈服强度（屈服点 σ_s 或 $\sigma_{0.2}$）、抗拉强度（σ_b）、疲劳强度（σ_{-1}）、弹性模量（E）、硬度（HB 或 HRC）、伸长率（δ）、断面收缩率（ϕ）、冲击韧性（a_K）、断裂韧性（K_{IC}）等。

零件在工作时会受到多种复杂载荷。选材时应根据零件的工作条件、结构因素、几何尺寸和失效形式来提出制造零件的材料性能要求，并确定主要性能指标。

分析零件的失效形式并找出失效原因，可为选择合适材料提供重要依据。在选材时还应注意零件在工作时短时间过载、润滑不良、材料内部缺陷、材料性能与零件工作时性能之间的差异。

(2) 材料的工艺性能。材料的工艺性能包括铸造性能、锻造性能、切削加工性能、冲压性能、热处理工艺性能和焊接性能等。

一般的机械零件都要经过多种工序加工，技术人员须根据零件的材质、结构、技术要求来确定最佳的加工方案和工艺，并按工序编制零件的加工工艺流程。对于单件或小批量生产的零件，零件的工艺性能并不显得十分重要，但在大批量生产时，材料的工艺性能则非常重要，因为它直接影响产品的质量、数量及成本。因此，在设计和选材时应在满足力学性能的前提下使材料具有较好的工艺性能。材料的工艺性能可以通过改变工艺规范、调整工艺参数、改变结构、调整加工工序、变换加工方法或更换材料等方法进行改善。

(3) 材料的经济效益。选择材料时，应在满足各种性能要求的前提下，使用价格低、资源丰富的材料。此外它还要求具有最高的劳动生产率和最少的工序周转，从而达到最佳的经济效益。

2. 典型零件材料的选择

(1) 轴类零件材料选择。

工作条件：主要承受交变扭转载荷、交变弯曲载荷或拉压载荷，局部（如轴颈）承受摩擦磨损，有些轴类零件还受到冲击载荷。

失效形式：断裂（多数是疲劳断裂）、磨损、变形失效等。

性能要求：具有良好的综合力学性能、足够的刚度以防止过量变形和断裂，高的疲劳断裂强度以防止疲劳断裂，受到摩擦的部位应具有较高的硬度和耐磨性。此外还应有一定的淬透性，以保证淬硬层深度。

（2）齿轮类零件的选材。

工作条件：齿轮在工作时因传递动力而使齿轮根部受到弯曲应力，齿面存在相互滚动和滑动摩擦的摩擦力，齿面相互接触处承受很大的交变接触压应力，并受到一定的冲击载荷。

失效形式：主要有疲劳断裂、点蚀、齿面磨损和齿面塑性变形。

性能要求：具有高接触疲劳强度、高表面硬度和耐磨性、高抗弯曲强度，同时心部应有适当的强度和韧性。

（3）弹簧类零件的选材。

工作条件：弹簧主要在动载荷下工作，即在冲击、振动或者周期均匀地改变应力的条件下工作，它起到缓和冲击力的作用，使与其配合的零件不致受到冲击力而出现早期破坏现象。

失效形式：常见的是疲劳断裂、变形和弹簧失效变形等。

性能要求：必须具有高疲劳极限（σ_{-1}）与弹性极限（σ_p），尤其是高屈强比（σ_s/σ_p），此外还应有一定的冲击韧性和塑性。

（4）轴承类零件的选材。

工作条件：滚动轴承在工作时承受着集中和反复的载荷。轴承类零件的接触应力大，通常为 $150\sim500\ \mathrm{kg/mm^2}$，其应力交变次数每分钟高达数万次。

失效形式：过度磨损破坏、接触疲劳破坏等。

性能要求：具有高抗压强度和接触疲劳强度，高而均匀的硬度和耐磨性，此外还应有一定的冲击韧性、弹性和尺寸稳定性。因此要求轴承钢具有高耐磨性及抗接触疲劳性能。

（5）工模具类零件的选材。

工作条件：车刀的刃部与工件切削摩擦产生热量，使得温度升高，有时可达 $500\sim600\ ℃$；在切削过程中还要承受冲击、振动。冷冲模具一般制作落料冲孔模、修边模、冲头、剪刀等，在工作时刃口部位承受较大的冲击力、剪切力和弯曲力，同时还与坯料发生剧烈摩擦。

失效形式：主要有磨损、变形、崩刃、断裂等。

性能要求：具有高硬度和红硬性，高强度和耐磨性，足够的韧性和尺寸稳定性，以及良好的工艺性能。

实验设备及材料

箱式电阻炉，硬度计，金相显微镜和数码相机，抛光机，金相砂纸等，供选择的金属材料。

实验内容与步骤

1. 典型零件的选材

在以下金属材料中选择适合制造机床主轴、机床齿轮、汽车板簧、轴承滚珠、高速车刀、钻头、冷冲模等 7 种零件（或工具）的材料，制定每种材料所对应的热处理工艺并填入表 5-2 中。

金属材料是 A3 钢、45 钢、65 钢、T10 钢、HT200、GCr15、W18Cr4V、60Si2Mn、5CrNiMo、20CrMnTi、H70、1Cr18Ni9、ZCHSnSb11-6、Cr12MoV。

表 5-2　热处理工艺

零件（或工具）名称	选用材料	热处理工艺
机床主轴		
机床齿轮		
汽车板簧		
轴承滚珠（$\phi<10$ mm）		
高速车刀		
钻头		
冷冲模		

2. 热处理工艺的制定

根据 $Fe-Fe_3C$ 相图、C 曲线及回火转变的原理，参考有关教材热处理工艺部分的内容，给出材料（45 钢和 T10 钢）应获得组织的热处理工艺参数，并选择热处理设备、冷却方法及介质。

3. 综合训练

（1）机床主轴在工作时承受交变扭转和弯曲载荷，但载荷和转速不高，冲击载荷也不大。轴颈部位受到摩擦磨损。机床主轴整体硬度要求为 25～30 HRC，轴颈、锥孔部位硬度要求为 45～50 HRC。

实验步骤如下：

1）查阅有关资料。

2）从 45 钢、T10 钢、20CrMnTi、Cr12MoV 材料中选定一种最合适的材料制造机床主轴。

3）写出加工工艺流程。

4）制定预先热处理和最终热处理工艺。

5）写出各热处理工艺的目的和获得的组织结构。

6）经指导教师认可后进实验室操作。

7）利用实验室现有设备，将选好的材料按制定的热处理工艺进行操作。

8）测量热处理后的硬度，观察每道热处理工艺后的组织并用数码相机拍摄，判断是否达到预期的目标。如有偏差，分析原因。

（2）手用丝锥在工作时受到扭转和弯曲的复合作用，不受振动与冲击载荷。手用丝锥（≤M12）的硬度 HRC≥60～62。手用丝锥（≤M12）的金相组织要求淬火马氏体针不大于2级。

实验步骤如下：

1）查阅有关资料。

2）从65钢、T10钢、9CrSi、W18Cr4V、20Cr、H70材料中选定一种最合适的材料制造手用丝锥（≤M12）。

3）写出加工工艺流程。

4）制定预先热处理和最终热处理工艺。

5）写出各热处理工艺的目的和获得的组织结构。

6）经指导教师认可后进实验室操作。

7）利用实验室现有设备，将选好的材料按制定的热处理工艺进行操作。

8）测量热处理后的硬度，观察每道热处理工艺后的组织并用数码相机拍摄，判断是否达到预期的目标。如有偏差，分析原因。

实验报告要求

（1）选择典型零件制造的材料，填入表5-2中。

（2）根据机床主轴和手用丝锥的实验步骤，写出实验的详细过程（包括材料选用、加工工艺流程、热处理工艺、测试的硬度值、附每道热处理工艺后的显微组织照片）。

（3）分析存在问题，提出改进方案。

实验 5-7　金属凝固过程的模拟

实验目的

（1）深刻理解金属的凝固过程和凝固组织的形成过程。

（2）深刻理解凝固中的孕育期、结晶潜热、异质形核、凝固缺陷等现象。

实验原理

液态金属的凝固过程中，金属的不透明性阻止了液相流动变化情况的实时观测。由于实际钢锭解剖的困难，物理模拟是建立在相似原理的基础上，所以要求模型的物理本质与原型相同，并且和原型在几何尺寸上是相似的。物理模型的实验研究是将原型的几何尺寸和实验条件按照一定的比例进行简化，在相似原理的指导下，利用合理的测试手段，对所要研究的原型的物理模型以及整个实验系统进行有效的观察、测试，以获得有效的实验参数及结果。大量研究实验表明，某些溶液或有机透明物质的凝固过程同金属凝固过程很类似，如 NH_4Cl、$Na_2S_2O_3$、丁二腈苯，它们都具有透明性，并且它们的凝固区间接近室温，所以更适于对实验条件的控制和对凝固过程的直接动态观测。通过水溶液或有机透明物质丁二腈苯凝固模拟实验，深化了人们对界面生长、界面稳定性、柱状晶、等轴晶转变及宏观偏析等现象的认识。

本实验采用硫代硫酸钠为介质，根据相似性原理，进行金属凝固模拟实验，通过有机玻璃观察凝固中的晶核形成、晶体生长和凝固缺陷形成过程。

物性参数：本实验采用分析纯硫代硫酸钠，分子式为 $Na_2S_2O_3 \cdot 5H_2O$，相对分子质量为 248.17，密度为 1.79 g/cm^3，体积收缩为 7%~9%，熔点为 48~52 ℃，固相线温度为 44~45 ℃，沸点为 100 ℃，导热系数为 0.73 $W/(m \cdot ℃)$，固态比热容为 5.56 $kJ/(kg \cdot ℃)$，液态比热容为 138 $kJ/(kg \cdot ℃)$，结晶潜热为 118.1 kJ/kg，56 ℃溶于结晶水中，使用前试剂应在 40 ℃恒温干燥 24 h，除去多余水分。

实验模型装置

实验选择模型比为 1∶10。实验模型中，用于模拟钢锭模两侧由铜板制作而成，模拟钢锭中心部分前后由有机玻璃制作而成，从而实现较好的绝热效果，同时方便实验过程中进行观察记录。

（1）记录凝固组织形成过程的图像（拍摄照片）。

（2）采用平方根定律计算凝固速度，绘制凝固层厚度-凝固时间曲线、温度-凝固时间曲线、凝固系数-凝固层厚度曲线、凝固速度-凝固层厚度曲线。

初始条件：实际钢的液相线温度为 1490 ℃，实际浇铸温度为 1540 ℃，硫代硫酸钠液相线温度为 50 ℃，实际模拟过程的浇铸温度根据式（5-7）得到：

$$(T_{钢液} - T_{钢液液相线})/(T_{试剂} - T_{试剂液相线}) = A \tag{5-7}$$

式中，$A=10$，因此，模拟实验的浇铸温度为 55 ℃。但是考虑到浇铸时间长，浇铸过程散热较快，温度降低速度快，所以本模拟实验拟定浇铸温度为 62 ℃，以保证在浇铸完成时硫代硫酸钠的温度为 55 ℃。

冷却条件：本实验主要通过循环水进行冷却，通过调整恒温箱的工作稳定从而改变冷却水的温度，达到实验所要求的冷却条件。

为了减少硫代硫酸钠凝固过程受其他条件的影响，在实验过程中应注意以下几个问题：在用硫代硫酸钠模拟特厚扁钢锭的凝固过程时，最重要的是要严格控制从有机玻璃部分和顶部的散热，使结晶进程由冷却壁向有机玻璃部分生长；在实验过程中要避免液态时的对流、搅拌和振动，以阻止界面前方的晶粒游离；要尽量提高硫代硫酸钠纯净度，减少杂质，避免非匀质形核以及给观察造成的假象；为了促进凝固应该尽量提高冷却强度，本实验中可以提高水的流速来达到目的，从而减少了非主要因素对实验的影响。

实验设备与材料

（1）实验设备：自制定向凝固装置、恒温箱、天平。

（2）实验材料：硫代硫酸钠（模拟物）。

（3）辅助器材：钢尺、橡胶水管、温度计（固定夹）、玻璃棒、烧杯、酒精灯（铁架）、石棉网、厚棉手套、长镊子、钢片尺、透明胶带。

（4）化学试剂：冰、乙醇。

实验内容与步骤

（1）将水浴锅、模型等设备用软塑料水管正确连接，并向水浴锅内注入足量的水，设置水浴锅温度，进行加热，达到设定温度。

（2）将硫代硫酸钠放入烧杯内，用电炉或酒精灯加热到 62 ℃ 使之熔化。在加热过程中需要用玻璃棒不断搅拌，加速硫代硫酸钠的熔化，使液相温度均匀。

（3）在硫代硫酸钠液体温度达到 62 ℃ 时，用吹风机预热实验模型，准备浇铸。

（4）浇铸，同时通冷却水，开启水浴锅循环泵，进行循环。

（5）浇铸结束后，在顶部使用照明灯加热，或使用有机玻璃板封闭进行绝热保温。

（6）每隔 5 min 或 10 min，使用数码相机记录凝固过程，用钢尺测量凝固层厚度，用温度计测量温度。由平方根定律计算凝固系数 K 和凝固速度 v，Δd 为凝固层厚度增量，Δt 为时间间隔，数据记录见表 5-3。

（7）凝固完全后，记录凝固时间，观察缩孔位置及凝固结构。

（8）最后将模型置于 80~100 ℃ 热水中，短暂浸泡后，将凝固体从模型中取出，经打磨后做进一步观察。

实验记录与数据处理

表 5-3　实验数据记录表

参　数	序　号				
	1	2	3	4	5
$\Delta d/\mathrm{mm}$					
$T/℃$					
$\Delta t/\mathrm{min}$					

参　　数	序　号				
	1	2	3	4	5
$v/\text{mm} \cdot \text{min}^{-1}$					
$K/\text{mm} \cdot \text{min}^{-1/2}$					
冷却水温度/℃					
是否加入形核剂					

（1）记录凝固组织形成过程的图像（拍摄照片）。

（2）采用平方根定律计算凝固速度，绘制凝固层厚度-凝固时间曲线、温度-凝固时间曲线、凝固系数-凝固层厚度曲线、凝固速度-凝固层厚度曲线。

实验 5-8 金属压缩过程中摩擦系数的测定及压缩过程数值模拟

实验目的

（1）了解圆环压缩法测定摩擦系数的基本原理。

（2）学习物理模拟与数值模拟联合应用的研究方法并初步研究摩擦对金属塑性成形的影响规律。

实验原理

金属塑性成形时，变形金属和模具接触面上的摩擦作用，对模具的寿命、制品的加工精度和成形质量的影响极大。为了减轻摩擦引起的种种不良影响，人们使用润滑剂来降低摩擦作用。因此测定变形金属与模具接触面的摩擦系数，就成为一个非常重要的问题。

本实验采用的圆环压缩法是目前测定金属塑性成形过程中变形金属与模具接触面摩擦系数的一种简单、有效的方法，适用于测定各种温度、速度下的摩擦系数。实验还采用有限元方法对圆环压缩的过程进行数值模拟，既可以直观地观察到摩擦对金属塑性成形的一般影响规律，预测金属的流动过程，实现非物理的检测与验证，又能与物理实验结果相互印证。将物理模拟与数值模拟联合应用的研究方法可以更为有效、经济、快速地解决复杂的工程问题，具有广泛的应用前景。

1. 圆环压缩法测定摩擦系数的原理

实验时，把一定尺寸的圆环试样在模具间压缩，圆环的内、外径尺寸在压缩过程中将有不同的变化。当接触面上的摩擦系数很小或无摩擦时，圆环上每一质点均沿径向作辐射状向外流动，变形后内外径扩大，如图 5-5（a）所示。当接触面上的摩擦系数增大到某一临界值后，靠近内径处金属质点向内流动的阻力小于向外流动的阻力，从而改变了流动方向，这时在圆环中出现一个半径为 R_n 的分流面（中性层）。该面以内的金属质点向中心方向流动，该面以外的金属质点向外流动，变形后内径缩小，外径扩大，如图 5-5（b）所示。图 5-5 中虚线表示压缩前的圆环试样，实线表示压缩后的圆环试样，箭头方向表示金属流动方向。根据上限法或应力分析法等理论方法可求出分流面半径 R_n、摩擦系数 μ 和圆环尺寸的理论关系式。

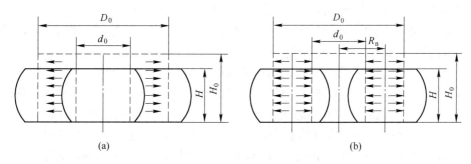

图 5-5 圆环压缩时的金属流动

（a）μ 较小时；（b）μ 较大时

据此，可以绘制如图5-6所示的理论校准曲线。测定摩擦系数时，将试样放在模具间进行多次压缩。每次压缩后，测量并记录圆环内径 d 和高度 H。取得数据后在理论校准曲线图的坐标网格上描出各点，再用拟合法绘出试验曲线，利用图5-6即可求得待测接触面的摩擦系数。

2. 圆环压缩过程的有限元模拟简介

ANSYS 软件是大型通用有限元分析软件。自 1971 年推出至今，它已经发展成功能强大、前后处理和图形功能完备的有限元软件，并广泛地应用于工程领域。

用 ANSYS 软件进行有限元分析的一般步骤如下。

（1）建立实际工程问题的计算模型。利用几何、载荷的对称性简化模型，建立等效模型。

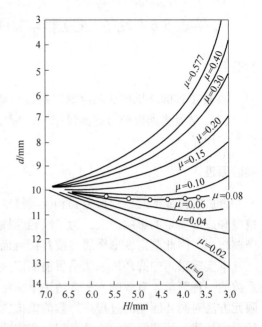

图 5-6   圆环压缩理论校准曲线

（2）选择适当的分析工具。侧重考虑几个方面：多物理场耦合问题，大变形，网格重划分。

（3）预处理（preprocessing）。建立几何模型（geometric modeling），有限单元划分（meshing）与网格控制。

（4）求解（solution）。给定约束（constrain）和载荷（load），选择求解方法，设定计算参数。

（5）后处理（postprocessing）。后处理的目的在于分析计算模型是否合理，提出结论。用可视化方法（等值线、等值面、色块图）分析计算结果（包括位移、应力、应变、温度等），最大最小值分析，特殊部位分析。

在有限元方法中，圆环压缩问题可以归于接触问题的范畴。接触问题是一种高度非线性行为，并且大多数接触问题需要考虑摩擦，摩擦使问题的收敛性变得困难。为了进行更为有效的计算，理解问题的特性和建立合理的模型是非常重要的。

圆环压缩是刚体和柔体的接触。压缩模具可以看成刚体，因为与圆环试样相比模具的刚度要大得多，而试样则可以看成柔体。

用 ANSYS 软件进行有限元模拟采用轴对称计算模型，模拟结果如图5-7所示（图中，无网格的矩形框表示压缩前的圆环试样的轴对称模型，有网格的表示压缩后的圆环试样的轴对称模型）。当接触面上理想状态无摩擦（$\mu=0$）或摩擦系数很小时，如图5-7（a）和（b）所示，则圆环上每一质点均沿径向作辐射状向外流动，变形后内外径均扩大；当摩擦系数恰好等于某临界值时，分流面半径基本等于圆环内径，金属材料均向外流动，圆环的外径扩大，而内径基本不变，如图5-7（c）所示；当接触面上的摩擦系数大于某一临界值后，靠近内径处的金属质点向内流动阻力小于向外流动阻力，从而改变了流动方向，这时在圆环中出现一个半径为 R_n 的分流面（中性层），该面以内的金属质点向中心方向流动，该面以外的金属质点向外流动，变形后内径缩小，外径扩大，如图 5-7（d）所示。模拟结果与理论及实验结果非常接近，说明计算模型是比较合理的。通过数值可以直观地观察到摩擦对金属塑性成形时金属流动的一般影响规律。

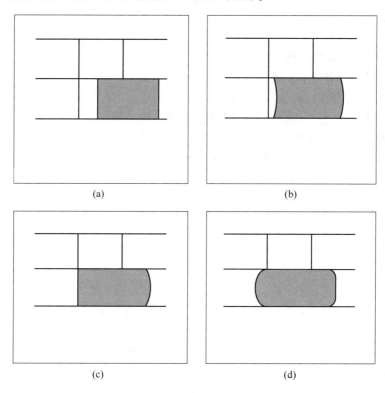

图 5-7　不同摩擦系数下的金属流动情况

（a）$\mu=0$；（b）μ 为较小值；（c）μ 为临界值；（d）μ 为较大值

实验设备及材料

（1）四柱液压机、摩擦系数测定实验专用模具、游标卡尺等。

（2）圆环试样材料：工业纯铝 1060，外径 $\phi20$ mm，内径 $\phi10$ mm，高度 7 mm。

（3）MoS_2 润滑剂、丙酮清洗剂等。

实验步骤与方法

（1）实验原理讲解。

（2）用 ANSYS 软件对圆环压缩过程的有限元数值模拟进行讲解和演示。

（3）分组选择不同实验内容，领取试样，讨论并制定常温压缩实验方案。

（4）圆环压缩前，测量并记录圆环试样的外径、内径和高度。

（5）熟悉并掌握液压机的基本操作。

（6）对需用润滑剂的试样按讨论方案添加 MoS_2 膏，开动液压机做好防护后对多个试件分别进行压缩，最大压缩量控制在 60% 以下。

（7）每次压缩后测出试样高度，并计算平均值。

（8）对不添加润滑剂（干摩擦）的试样重复进行实验步骤（2）～步骤（4）。

（9）对记录数据进行整理，用拟合法得出试验曲线，再用插值法求得该种材料的摩擦系数。

实验报告要求

（1）自行设计实验报告的格式。

（2）实验报告应有以下主要内容：

1）实验目的、内容、实验基本原理。

2）试样材料、状态、几何尺寸和润滑条件。

3）实验数据和计算结果。

4）根据实验数据和计算结果绘制摩擦系数试验曲线图。

5）实验体会。

实验 5-9　热挤压工艺的有限元模拟

实验目的

（1）熟悉 Deform-3D 有限元模拟软件的常用功能；

（2）掌握 Deform-3D 有限元模拟软件的操作流程；

（3）掌握利用 Deform-3D 有限元模拟软件模拟热挤压工艺的操作及结果分析。

实验原理

1. Deform-3D 有限元模拟软件的特点

Deform-3D 是一个高度模块化、集成化的有限元模拟系统，能够对金属的复杂成形过程进行模拟分析。具有以下特点。

（1）图形界面灵活、友好，高度模块化、集成化，操作方便，功能强大，适用于分析金属的冷、温、热成形过程，机械加工及热处理工艺等，可以输出材料的填充与流动特性、应力场、应变场、温度场、晶粒流动、模具应力、变形缺陷等结果。

（2）丰富的材料库，Deform-3D 提供了 250 多种材料数据库，包括常用的钢铁、铝合金、钛合金等材料的变形数据、物理特性数据、材料硬化数据等，方便用户调取使用。用户也可根据自己的需要定制材料库。

（3）自动网格划分及局部细化网格功能，可以提高可操作性及运算效率。

（4）具有完善的 CAD 及 CAE 接口，方便用户导入由 Pro/E 、CATIA、UG 、SolidWorks 等主流三维建模软件生成的 STL/SLA 等格式的文件。

（5）集成多种设备模型，Deform-3D 软件中集成了多种实际生产中常用的设备模型，包括液压机、机械式压力机、锻锤等，方便用户根据实际需要进行各种设备的选择及使用。

2. Deform-3D 有限元模拟软件的主要功能

Deform-3D 有限元模拟软件的功能主要包括成形工艺、切削加工及热处理工艺等的分析。

（1）成形工艺分析主要用于金属的冷、温、热成形，热-力耦合及粉末冶金成形等工艺分析。可以用来分析材料变形过程中的填充及流动特性、模具应力、变形载荷、成形缺陷、温度场、应力应变场、损伤及磨损等。

（2）切削加工分析主要包括车、铣、刨及钻孔等机械加工过程中工件温度、变形、热处理相变及刀具的应力、应变、温度变化等情况。

（3）热处理工艺分析适用于模拟金属材料经过正火、退火、淬火、回火及渗碳等热处理之后，显微组织及硬度的改变。

3. Deform-3D 有限元模拟软件的主界面讲解

启动 Deform 软件，在 Windows 上单击"开始"→"程序"→DEFORM V11.0→DEFORM，启动后出现主界面。Deform-3D 的主界面包括工作目录、菜单栏、信息显示窗口和主菜单栏。

（1）菜单栏包括文件管理、存储目录设置、仿真设置、环境设置、视图设置和帮助等功能菜单。

（2）工作目录用于显示正在执行及已完成的任务的目录信息，通过目录信息可以打开正在执行及已经完成的任务。

（3）信息显示窗口用于显示任务执行过程中的各种信息，包括操作过程信息、模拟结果显示、模拟过程各步骤信息等。

（4）主菜单栏包括实现前处理、模拟计算及后处理的三个主要区域。

实验设备及材料

（1）预装 Deform-3D 有限元模拟软件的台式计算机。

（2）投影仪。

实验方法和步骤

（1）Deform-3D 模拟的基本流程介绍。根据 Deform-3D 有限元模拟软件的特点及模块设置，其基本流程主要包括前处理、FEM 求解及后处理三个过程，如图 5-8 所示。前处理用以进行几何建模和导入、网格划分、材料属性定义、工艺参数定义及数据库文件的生成；FEM 求解主要是对所建立的数据库文件进行计算求解，可以随时终止或者开始计算进程以及通过图形输出窗口观察模拟进程；后处理则为模拟结果的显示与导出提供了丰富的数据，可以输出应力、应变、温度、速度、成形质量、缺陷等的云图、曲线及视频文件。

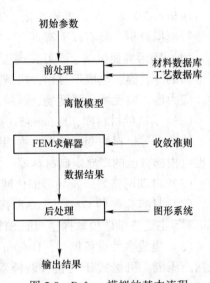

图 5-8　Deform 模拟的基本流程

（2）热挤压工艺分析与讲解。对于热挤压工艺的模拟，首先要进行工艺分析与分解，其中包括三个基本的过程：第一阶段为坯料从加热炉到放入模具之前与空气发生的热传导过程；第二阶段为坯料放入模具到挤压之前，坯料与模具之间发生的热传递过程；第三阶段为热传递与热挤压变形之间的热-力耦合过程。进行工艺分析与讲解之后，可以针对每一个过程进行模拟。

（3）热挤压工艺模拟的流程讲解。完成工艺分析与讲解之后，对问题进行初始化处理。

1）根据本案例的特点，其模型可以采用 1/4 来分析。

2）材料：坯料为 6063 铝合金，模具为 H13 钢。

3）温度：坯料初始温度为 500 ℃，模具初始温度为 450 ℃。

4）第一阶段热传递时间为 8 s，第二阶段热传递时间为 5 s，第三阶段凸模的速度为 15 mm/s，行程为 55 mm。

5）单位：国际单位制。

（4）利用 Deform-3D 有限元模拟软件进行热挤压模拟操作。

（5）热挤压模拟后处理数据输出。

实验报告要求

（1）简述 Deform-3D 有限元模拟软件的常用功能及操作流程。

（2）简述利用 Deform-3D 有限元模拟软件模拟热挤压成形的主要步骤。

（3）热挤压模拟的前处理和后处理操作要点及结果分析。

实验 5-10　轧制成形的虚拟仿真分析

实验目的

（1）通过轧制虚拟仿真实验，了解金属板材轧制生产过程中主要生产工序的任务和作用，建立"轧制生产工艺流程"概念；

（2）在给定坯料前提下，正确设计出轧制规程，选择主要设备的技术参数；

（3）了解"轧制变形-工艺参数-组织性能"之间的内在关系；

（4）熟悉主要设备具体操作流程与操作方法，并能及时排除各工序中可能出现的生产故障，从而全面提升对轧制过程"复杂工程问题"的实际分析和解决问题能力。

实验原理

金属轧制生产工艺通常包括铸锭加热、热轧、冷轧、矫直、剪切、热处理等工序，故本仿真实验所涉及轧制原理或知识点如下：

（1）轧制生产坯料加热温度的 PID 控制原理；

（2）轧制规程的设计（咬入角校核、轧制力校核、液压弯辊计算、压下率分配、道次制定、轧制温度、速度）；

（3）轧制塑性变形控制原理；

（4）轧后热处理制度及质量调控；

（5）轧制主辅设备选用、电机温升校核等要点；

（6）产品缺陷处理及成品率控制；

（7）生产过程主辅设备的仿真操作。

轧制生产所涉及的专业课程如图 5-9 所示。

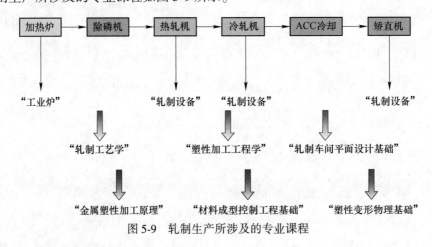

图 5-9　轧制生产所涉及的专业课程

实验仪器

为保证仿真软件（PC 版）能够流畅稳定运行，计算机配置推荐如下：i5 及以上处理器或同等配置 AMD 处理器，8G 内存，GTX950 及以上显卡，硬盘 500G，显示器：1920 * 1080 分辨率。

实验步骤

（1）软件启动。完成安装后就可以运行虚拟仿真软件了，双击桌面快捷方式，在弹出的启动窗口，选择"冷轧生产虚拟仿真软件"，然后点击"启动"按钮，如图 5-10 所示，进入项目启动界面，等待加载开始操作。

图 5-10　软件加载界面

（2）操作说明。

1）角度控制：鼠标左键视角旋转，鼠标滚轮调整视角远近。

2）行动控制：键盘 WSAD 键可控制人物前后左右移动，Ctrl 键控制人物行走和奔跑模式的切换。

（3）软件操作流程。

1）软件加载界面。

2）进入场景，弹出软件帮助界面，如图 5-11 所示。

3）设备检查及知识点学习步骤，如图 5-12~图 5-21 所示。

4）开始冷轧生产工艺流程，如图 5-22~图 5-29 所示。

实验报告要求

（1）简述实验目的、实验内容与实验步骤。

（2）写出实验所需设备材料。

（3）对实验数据进行处理与分析，并填写实验记录表。

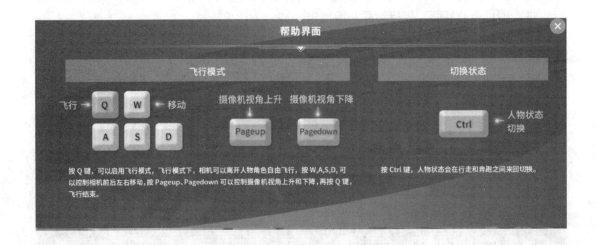

图 5-11   软件帮助界面

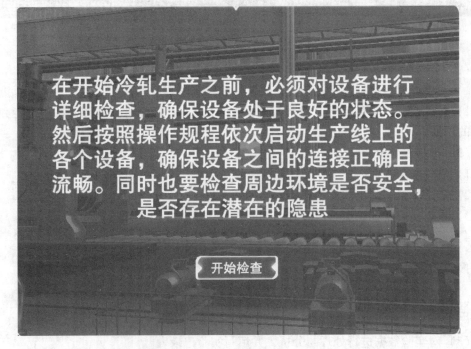

图 5-12   设备检查

图 5-13　查看开卷机设备状态

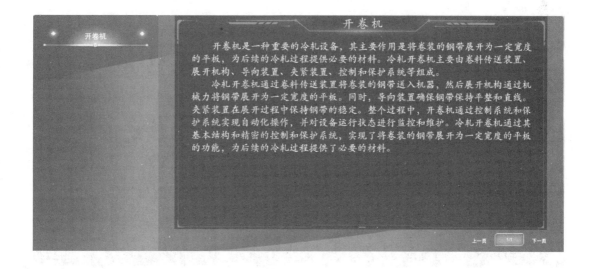

图 5-14　开卷机设备知识点

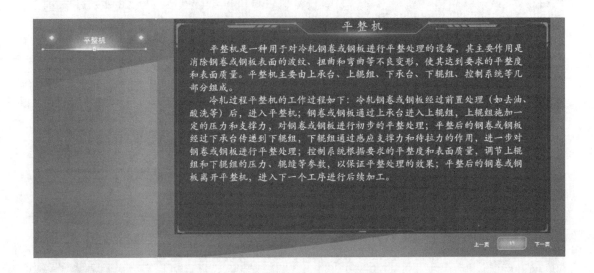

图 5-15　平整机设备知识点

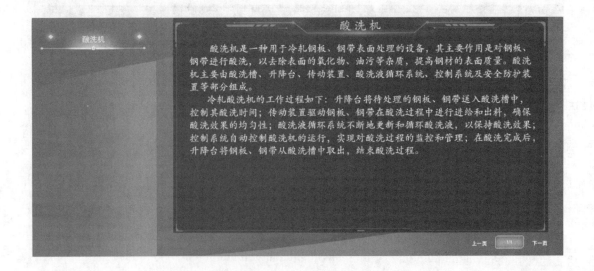

图 5-16　酸洗机设备知识点

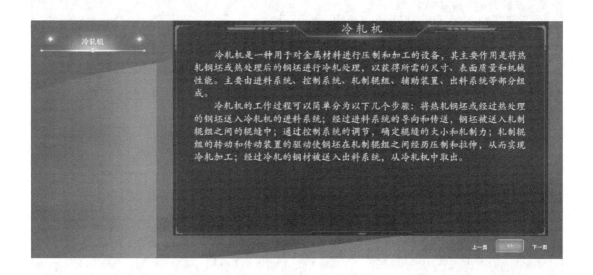

图 5-17　冷轧机设备知识点

图 5-18　学习拆分步骤

图 5-19　拆装设备演示

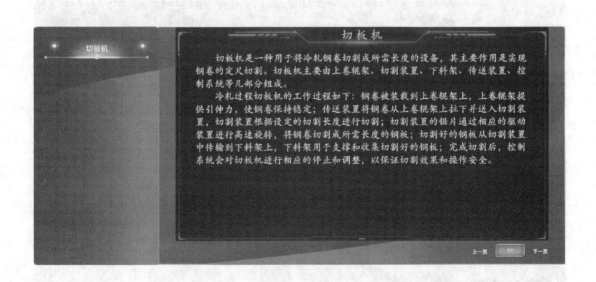

图 5-20　切板机设备知识点

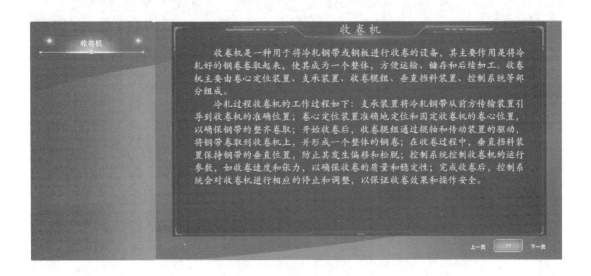

图 5-21　收卷机设备知识点

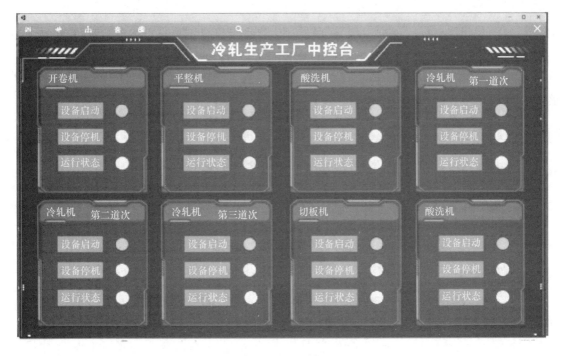

图 5-22　DCS 界面

图 5-23   产线成功启动

级别	分类	板材牌号	
CQ	一般用钢	SPCC St12 DC01 A1008CS	选择
DQ	冲压用钢	SPCD St13 DC01 A1008CS	选择
DDQ	深冲压用钢	St14	选择
EDDQ	超深冲压用钢	SPCE St15 DC04	选择
SEDDQ	高超深冲压用钢	St16 DC06	选择
CQ-HSS	普通碳素结构钢	Q235B	选择

图 5-24   选择冷轧板材

图 5-25　加载钢卷

图 5-26　冷轧参数设定完毕

图 5-27   开始冷轧工艺

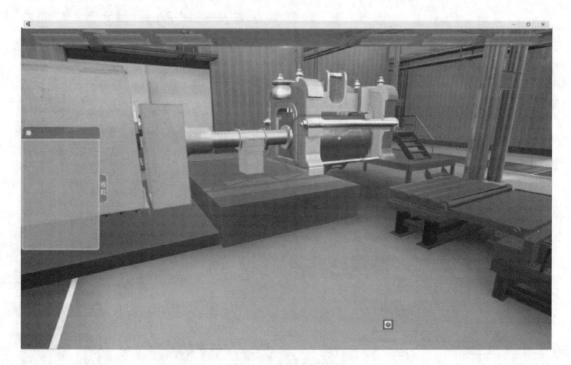

图 5-28   选择冷轧钢卷

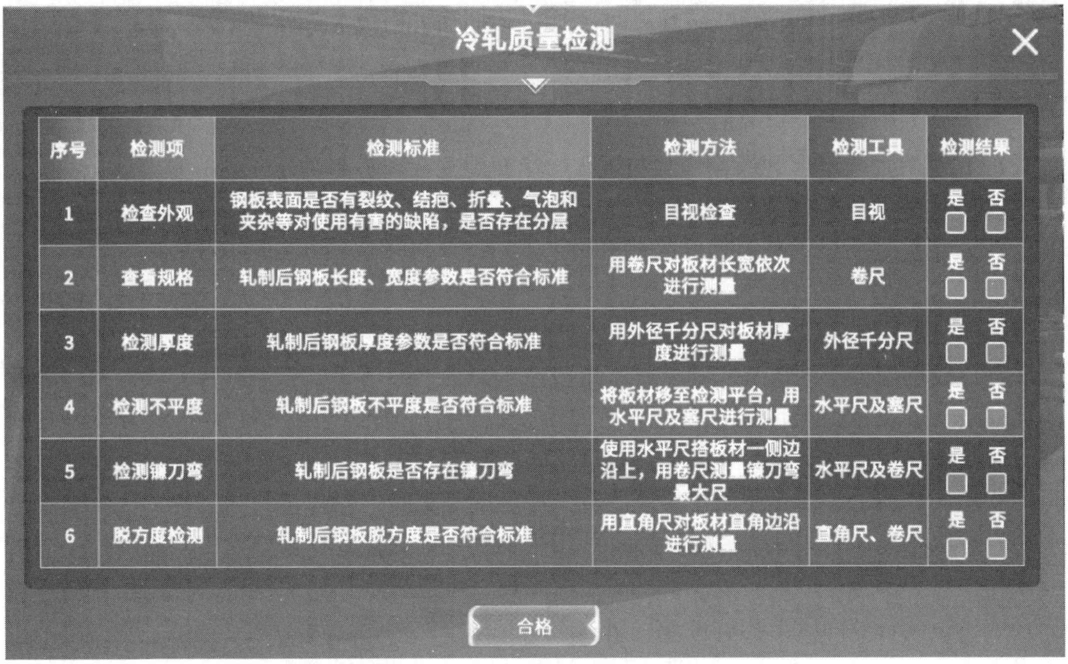

冷轧质量检测

序号	检测项	检测标准	检测方法	检测工具	检测结果	
					是	否
1	检查外观	钢板表面是否有裂纹、结疤、折叠、气泡和夹杂等对使用有害的缺陷，是否存在分层	目视检查	目视	☐	☐
2	查看规格	轧制后钢板长度、宽度参数是否符合标准	用卷尺对板材长宽依次进行测量	卷尺	☐	☐
3	检测厚度	轧制后钢板厚度参数是否符合标准	用外径千分尺对板材厚度进行测量	外径千分尺	☐	☐
4	检测不平度	轧制后钢板不平度是否符合标准	将板材移至检测平台，用水平尺及塞尺进行测量	水平尺及塞尺	☐	☐
5	检测镰刀弯	轧制后钢板是否存在镰刀弯	使用水平尺搭板材一侧边沿上，用卷尺测量镰刀弯最大尺	水平尺及卷尺	☐	☐
6	脱方度检测	轧制后钢板脱方度是否符合标准	用直角尺对板材直角边沿进行测量	直角尺、卷尺	☐	☐

合格

图 5-29　检测冷轧质量

实验 5-11　冲压成形的虚拟仿真分析

实验目的

（1）了解冲压成形的操作步骤和过程，从而建立金属板料冲压工艺的基本认识；

（2）掌握冲压模具结构及冲压工艺设计；

（3）掌握冲压成形模拟软件的基本操作。

实验原理

冲压成形虚拟车间仿真实验教学系统包括压力机、冲压模具、工具台、微机系统等虚拟实验设备以及相关课件资料，主要由演示模式、操作模式、认知模式三个场景模式构成，可借助鼠标、键盘及其他虚拟设备进行实验操作和学习。

实验操作演示主要是便于学生熟悉整个冲压成形实验的操作步骤和过程，从而建立金属板料冲压工艺的基本认识。对于熟练的用户，则可以直接选择操作模式，进行相应的实验操作。对于实验原理或实验设备不清楚的用户，可以先选择认知模式，在认真了解实验原理、实验设备和冲压工艺后再进行演示模式或操作模式的选择。

实验仪器

为保证仿真软件（PC 版）能够流畅稳定运行，计算机配置推荐如下：i5 及以上处理器或同等配置 AMD 处理器，8G 内存，GTX950 及以上显卡，硬盘 500G，显示器：1920 * 1080 分辨率。

冲压成形虚拟仿真软件的操作步骤

（1）软件启动。完成安装后就可以运行虚拟仿真软件了，双击桌面快捷方式，在弹出的启动窗口，选择"金属冲压成形虚拟仿真软件"，然后点击"启动"按钮，如图 5-30 所示，进入项目启动界面，等待加载开始操作。

（2）操作说明。

1）角度控制：鼠标左键视角旋转，鼠标滚轮调整视角远近。

2）行动控制：键盘 WSAD 键可控制人物前后左右移动，Ctrl 键控制人物行走和奔跑模式的切换。

（3）软件操作流程。

1）软件加载界面。

2）进入场景，弹出软件帮助界面，如图 5-31 所示。

3）设备检查及知识点学习步骤，如图 5-32~图 5-37 所示。

4）冲压成形工艺特点学习，如图 5-38 所示。

5）冲压工艺操作，如图 5-39~图 5-48 所示。

实验报告要求

（1）简述实验目的、实验内容与实验步骤。

图 5-30 软件加载界面

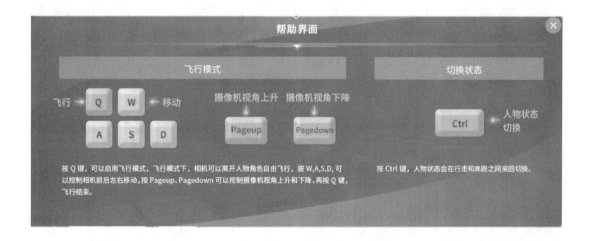

图 5-31 软件帮助界面

图 5-32　设备检查

图 5-33　查看控制台设备状态

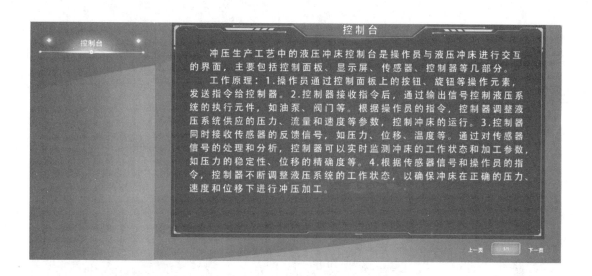

图 5-34 控制台设备知识点

图 5-35 控制台设备状态良好

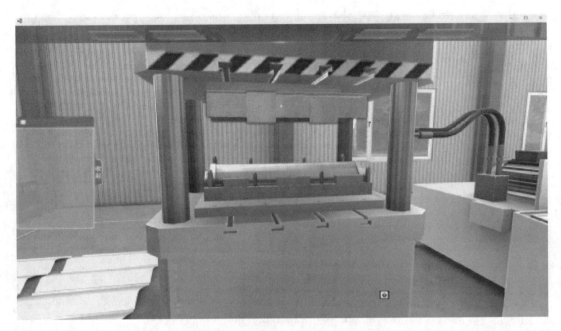

图 5-36　查看冲压模具设备状态

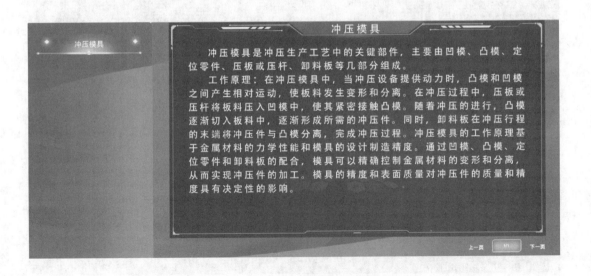

图 5-37　冲压模具设备知识点

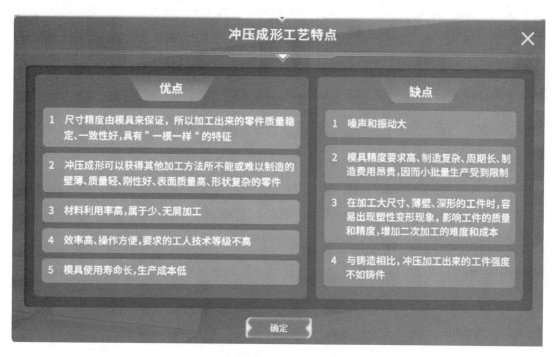

图 5-38 冲压工艺成形特点

冲压金属材料

材料名称	牌号	材料的状态	力学性能					选择
			抗剪强度 τ/MPa	抗拉强度 σ_b/MPa	屈服点 σ_s/MPa	伸长率 δ/%	弹性模量 E/GPa	
普能碳素钢	Q195	未经退火	225-314	314-392	195	28～33	—	☐
	Q215		265-333	333-412	215	26～31		☐
	Q235		304-373	432-461	235	21～25		☐
	Q255		333-412	481-511	255	19～23		☐
碳素结构钢	08F	已退火	216-304	275-383	177	32		☐
	08		255-353	324-441	196	32	186	☐
	10F		216-333	275-412	186	30		☐
	10		255-333	294-432	206	29	194	☐
	15		265-373	333-471	225	26	198	☐
	20		275-392	353-500	245	25	206	☐
	35		392-511	490-637	315	20	197	☐
	45		432-549	539-686	353	16	200	☐

确定

图 5-39 点击勾选板材类型

图 5-40　将板材 A 置于模具 A 上

图 5-41　输入冲压工艺参数

图 5-42　取下成形工件 A

图 5-43　开始模具 B 的冲压工艺

图 5-44　将板材 B 置于模具 B 上

图 5-45　输入冲压工艺参数

图 5-46　取下成形工件 B

图 5-47　完成模具 B 的冲压工序

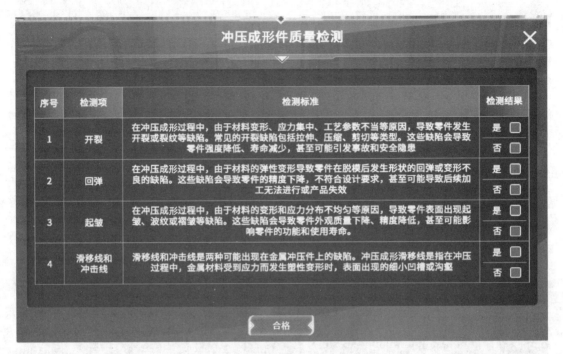

图 5-48　冲压成形件质量检测

（2）写出实验所需设备及材料。

（3）对实验数据进行处理与分析，并填写实验记录表。

附　　录

附录1　学生实验守则

（1）学生进入实验室必须严格遵守实验室的各项规章制度，并接受相关安全教育。

（2）实验前必须认真预习，不得迟到、早退。进入实验室必须按要求配备必要的劳保用品，衣着整洁，保持安静，未经许可不得擅自动用与本实验无关的仪器设备。

（3）学生进入实验室，服从指导教师和实验技术人员的指导，认真观察、分析实验现象，如实记录实验数据，不得抄袭他人的实验结果。

（4）严格遵守实验操作规程，防止发生安全事故。爱护仪器设备，节约电、水和试剂、药品、元器件等实验材料。

（5）仪器设备在实验过程中发生故障时，应及时报告实验指导人员。一旦发生事故，必须妥善处理，减少事故损失，并保护好现场，及时向有关部门报告，认真分析事故原因，协助做好事故处理善后工作。

（6）严禁利用校园网使用、传播、观看带有反动和不健康内容的软件及文件，一旦发现，除取消其实验资格，还要报送学校上级有关部门。

（7）实验完成后，主动协助实验指导人员整理好实验用品，切断水源、电源、气源，清理好实验场地，不得将仪器设备、材料带出实验室。

（8）按教学要求及时认真完成实验报告，参加实验教学环节考核。

（9）不准将饮料、食品、雨具等非实验用品带入实验室；保持实验室卫生，禁止在实验室内吸烟和乱扔垃圾。

（10）因违反本守则和有关规章制度造成事故的，责任人需承担相应的责任。

附录 2　实验室安全注意事项

实验室潜藏着各种危险因素，这些潜在因素可能引发各种事故，造成环境污染或人体伤害，甚至可能危及人的生命安全。材料成形及控制工程实验室情况复杂，涉及机械类、高温类、高压类、化学试剂等方面的安全问题，在实验教学中首先应对学生进行安全教育，让师生重视安全，防患于未然。

1. 机械类设备安全

实验室内的抛光机、液压机、万能试验机、磨损试验机、球磨机、切割机、线切割机床等机械类设备在运行过程中，工作部分将发生相对运动，大部分为旋转运动，试样或碎片有可能被甩出，并伴随不同程度的机械力，使用人员应着装整洁，将长发盘起，不得穿高跟鞋或拖鞋，应将身体控制在安全区域内，注意防止机械伤害。若设备仪器运转中出现异常现象或声音，须及时停机检查，一切正常后方能重新开机。传动设备外露转动部分必须安装防护罩。

2. 高温类设备安全

实验室内的热处理炉、高温烧结炉、钎焊炉、熔炼炉等高温类设备使用温度最高可高于 1000 ℃，使用人员不得触碰设备上的高温区域，取样时应确保冷却充分，注意防止烫伤，使用过程中不得将易燃物质放在设备机身上和靠近设备处位置。

3. 高压类设备安全

实验室内的高压釜、钢瓶等高压类装置在使用过程中，禁止受到冲击，避免引发爆炸。钢瓶搬运时旋上钢瓶帽，轻拿轻放。钢瓶应存放在阴凉、干燥、远离热源的地方，使用时应装减压阀和压力表。开启总阀门时，不要将头或身体正对总阀门，防止阀门或压力表冲出伤人。

4. 腐蚀类相关仪器安全

实验室内的盐雾腐蚀箱、电化学工作站等腐蚀类测试仪器，在使用过程中容器内盛放有腐蚀液体，应当防止溶液发生泄漏。在配制腐蚀液时须小心谨慎，避免试液溅洒和与身体直接接触。

5. 设备仪器通用安全

实验室内的金相显微镜系统、激光粒度仪、精密电子天平、显微硬度计等通用精密仪器，使用时放置试样应轻拿轻放，试样的状态、操作使用应严格按要求进行，避免对仪器的关键部件造成损坏，影响测试的清晰度、准确度，设备仪器使用完毕后必须将其恢复到原有状态。

6. 化学试剂安全

在进行金相腐蚀或表面工程实验时，会涉及各种化学试剂，有许多具有腐蚀性、毒性、易燃性和不稳定性，属化学危险物品。实验室内使用化学危险物品，应格外小心，使用前应当了解化学危险物品使用安全与注意事项。

（1）在使用化学危险物品时，须穿戴围裙、眼罩、手套和口罩等其他个人防护装备；特别是液体类腐蚀药品，使用时需谨慎，避免溅洒在身上发生腐蚀，也防止洒倒在实验台、实验仪器上造成腐蚀；接触有机试剂时，不能戴隐形眼镜。

（2）称取药品试剂应按操作规程进行，用后盖好，必要时可封口或用黑纸包裹，不得使用过期或变质药品。所有药品、标样、溶液都应有标签，绝对不要在容器内装入与标签不相符的药品。

（3）强酸、强碱、强氧化剂、溴、磷、钠、钾、苯酚、冰醋酸等其他具有强烈腐蚀性的化学药品都会腐蚀皮肤，特别要防止溅入眼内。使用浓硝酸、盐酸、硫酸、高氯酸、氨水时，均应在通风橱或在通风情况下操作，如不小心溅到皮肤或眼内，应立即用水冲洗，然后用5%碳酸氢钠溶液（酸腐蚀时采用）或5%硼酸溶液（碱腐蚀时采用）冲洗，最后用水冲洗。液氧、液氮等低温也会严重灼伤皮肤，使用时要小心。一旦灼伤应及时治疗。

（4）在实验室内使用浓盐酸、氢氟酸、硫化氢等有毒气体和易挥发性腐蚀物时，都必须在通风橱或通风的空间内进行，戴上防护口罩，避免吸入。氰化物、可溶性钡盐、重金属盐、三氧化二砷、高汞盐等剧毒药品，应妥善保管，使用时要特别小心。禁止在实验过程中喝水、吃东西，离开实验室及饭前要洗净双手。

（5）丙酮、乙醇、苯等有机溶剂非常容易燃烧，大量使用时室内不能有明火、电火花或静电放电。实验室内不可存放过多，用后还要及时回收处理，不可倒入下水道，以免聚集引起火灾。易燃溶剂加热时，必须在水浴或砂浴中进行，避免使用明火。切忌将热电炉放入实验柜中，以免发生火灾。

（6）磷、金属钠、钾、电石及金属氢化物等，在空气中易氧化自燃，还有一些金属如铁、锌、铝等粉末，比表面大也易在空气中氧化自燃。这些物质要隔绝空气保存，使用时要特别小心，避免引发火灾。

（7）装过强腐蚀性、可燃性、有毒或易爆物品的器皿，应由操作者亲手洗净。空试剂瓶要统一处理，不可乱扔，以免发生意外事故。

（8）使用易燃易爆物品的实验，要严禁烟火，不准吸烟或动用明火。使用酒精喷灯时，应先将气孔调小，再点燃。酒精不能加得太多，用后应及时熄灭酒精灯。

（9）拿取正在沸腾的溶液时，应用瓶夹先轻摇动以后取下，以免溅出伤人。

（10）将玻璃棒、玻璃管、温度计等插入或拔出胶塞、胶布时，应垫有棉布，两手都要靠近塞子，或用甘油甚至水，都可以将玻璃导管很容易插入或拔出塞孔，切不可强行插入或拔出，以免折断而刺伤人。

（11）开启高压气瓶时应缓慢，不得将出口对着人。

（12）移动、开启大瓶液体药品时，不能将瓶直接放在水泥地板上，最好用橡皮布或草垫垫好，若为石膏包封的，可用水泡软后开启，严禁用锤砸、打，以防破裂。

（13）实验产生的废弃物按液体和固体分别存放在指定的位置和容器内。对于不能确定性质的化学废弃物均按危险物品处理。

7. 用水用电安全

实验室内的各种仪器设备均需用电，部分大型设备的用电功率很大，部分大型设备还需有冷却水。违章用电、水路故障可致使仪器设备损坏，造成人身伤亡、火灾等严重事故。实验室要注意安全用电、合理用水，防止触电，防止短路，防止引起火灾。

（1）大型设备的用电必须由厂家或专业电工现场安装，其他人员不得擅自更改线路。电器设备必须接地或用双层绝缘。电线、电源插座、插头必须完整无损。在潮湿环境的电器设备，要安装接地故障断流器。实验室内尽量避免在插座上接其他多用插座和避免拖拉过多的电线。对设备存在的潜在用电危险，须在醒目位置进行安全警示说明。

（2）使用用电仪器设备时，应先了解其性能，按操作规程操作，若电器设备发生过热现象或出现糊焦味时，应立即切断电源。

（3）箱式电阻炉、硅碳棒箱或炉的棒端，均应设安全罩。应加接地线的设备，要妥善接地，以防止触电事故。

（4）注意保持电线和电器设备的干燥，防止线路和设备受潮漏电。

（5）实验室内不应有裸露的电线头；电源开关箱内，不准堆放物品，以免触电或燃烧。

（6）要警惕实验室内发生电火花或静电，尤其在使用可能构成爆炸混合物的可燃性气体时，更需注意。如遇电线走火，切勿用水或导电的酸碱泡沫灭火器灭火，应切断电源，用砂或二氧化碳灭火器灭火。

（7）各种仪器设备（冰箱、温箱除外），使用完毕后要立即切断电源，旋钮复原归位，待仔细检查后方可离开。实验人员较长时间离开房间或电源中断时，要切断电源开关，尤其是要注意切断加热电器设备的电源开关。

（8）实验室建筑物的电力系统、配电箱、保险丝、断路器的维修工作必须由专业维修人员进行。大型高功率设备的校准和维修，原则上由专业电工进行。对常规用电设备的维修，可由实验技术人员自行解决。维修时要确保手干燥，谨慎操作。除校准仪器外，仪器不得接电维修。严禁用湿手去开启电闸和电器开关，凡漏电仪器不要使用，以免触电。

（9）有人触电时，应立即切断电源，或用绝缘物体将电线与人体分离后，再实施抢救。

（10）实验室内真空烧结炉、钎焊炉、熔炼炉等大型高温设备运行时配有冷却水，设备运行前应确保水路畅通，设备运行过程中设备使用人员中途不得长时间离开，避免中途发生水管爆漏、停水等意外情况。

（11）对于需要实时冷却的设备，其冷却水路须根据设备用水要求进行单独布置，不得影响洗手池自来水的正常供水。利用实验室内的蓄水池循环供水时，禁止将蓄水池内的冷却水再接入自来水管网中。

附录 3　实验室意外事故应急处理措施

1. 实验室常用急救工具

（1）消防器材：干粉灭火器、消防砂等。

（2）急救药箱：碘酒、红汞、紫药水、甘油、凡士林、烫伤药膏、70%酒精、3%过氧化氢水溶液、1%乙酸溶液、1%硼酸溶液、1%饱和碳酸钠溶液、绷带、纱布、药棉、棉花签、创可贴、医用镊子、剪刀等。

2. 火灾事故

一旦发生火灾，发现人员应立即切断起火点现场的电源（开关），并尽可能利用现有消防设备进行扑救，将火灾控制在最小危害，避免火情的进一步蔓延。若使用现场消防设备难以扑灭或无法控制火势时，应立即拨打 119 电话报警求助，同时向学校保卫处报告，并安排人员引导消防车辆进入现场。报警的同时，应在保证人身安全的条件下迅速赶往火灾现场投入灭火救助工作。发生火灾时，如有人员被火围困，要立即组织力量抢救，坚持"救人第一，救人重于救火"的原则，同时拨打 120 急救电话求助抢救伤员。应当根据火场的具体情况，按照事先选定的路线迅速组织人员撤离。火扑灭后，要注意保护好现场，接受事故调查，如实提供火灾情况，同时将事故情况上报。

3. 触电事故

发现人员触电应迅速采取措施使触电人员脱离电源，并迅速切断电源，可用干竹竿、干木棍、木椅（凳）等绝缘器具使触电者脱离电源，不可赤手直接与触电者的身体接触。立即进行临时急救，患者呼吸停止或心脏停搏时应立即施行人工呼吸或心脏按压。特别注意出现假死现象时，千万不能放弃抢救，应尽快送往医院救治。疏散围观人员，保证现场空气流通，避免再次发生触电事故。

4. 化学危险物品事故

（1）氰化钾、氰化钠污染，将硫代硫酸钠（高锰酸钾、次氯酸钠、硫酸亚铁）溶液浇在污染处后，用热水冲，再用冷水冲。

硫、磷及其他有机磷剧毒农药，如苯硫磷、敌死通污染，可先用石灰将撒泼的药液吸去，继而用碱液透湿污染处，然后用热水及冷水冲洗干净。

硫酸二甲酯撒漏后，先用氨水洒在污染处，使其起中和作用；也可用漂白粉加五倍水后浸湿污染处，再用碱水浸湿，最后用热水和冷水各冲一遍。

甲醛撒漏后，可用漂白粉加五倍水后浸湿污染处，使甲醛遇漂白粉氧化成甲酸，再用水冲洗干净。

汞撒漏后，可先行收集，尽可能不使其污入地下缝隙，并用硫黄粉盖在洒落的地方，使汞转换成不挥发的硫化汞。

苯胺撒漏后，可用稀盐酸溶液浸湿污染处，再用水冲洗。因为苯胺呈碱性，能与盐酸反应生成盐酸盐，如用硫酸溶液，可生成硫酸盐。

盛磷容器破裂，一旦脱水将产生自燃，故切勿直接接触，应用工具将磷迅速移入盛水容器中。污染处先用石灰乳浸湿，再用水冲，被黄磷污染过的工具可用 5%硫酸铜溶液冲洗。

砷撒漏，可用碱水和氢氧化铁解毒，再用水冲洗。

溴撒漏，可用氨水使之生成铵盐，再用水冲洗干净。

（2）浓酸流到实验台上，加氢氧化钠溶液，水冲洗，抹布擦干。浓碱流到实验台上，加稀醋酸，水冲洗，抹布擦干。

（3）浓酸沾到皮肤或衣物上，衣物立即用较多的水冲洗（皮肤不慎沾上浓硫酸，应立即用布拭去，再用大量的水冲洗），再涂上 3%～5% 的氢氧化钠溶液。浓碱沾到皮肤或衣物上，用较多的水冲洗，再涂上硼酸溶液。

（4）眼睛里溅入酸或碱溶液，立即用水冲洗，切不可用手揉眼睛，洗的时候要眨眼睛，必要时请医生治疗。

（5）中毒时，对中毒人员的急救主要在于把中毒人员送往医院，或医生到达之前尽快将中毒人员从中毒物质区域移出，并尽量弄清致毒物质，以便协助医生排除中毒人员体内毒物。如遇中毒人员呼吸停止、心脏停搏时，应立即施行人工呼吸、心脏按压，直至医生到达或送到医院为止。同时拨打 120 急救电话进行求助，向医生提供中毒情况。

5. 灼伤、创伤、烧伤、烫伤事故

（1）灼伤：一般用大量自来水冲洗，再用高锰酸钾浸润伤处；或用苏打水洗，再擦烫伤膏或者凡士林。

（2）创伤：小的创伤可用消毒镊子或消毒纱布清洗伤口，并将 3.5% 碘酒涂在伤口周围，并包扎。若出血较多，可用压迫法止血，同时处理好伤口，扑上止血消炎粉等药物，较紧地包扎起来即可。较大的创伤或者动、静脉出血，甚至骨折时，应立即用急救绷带在伤口出血部上方扎紧止血，用消毒纱布盖住伤口，立即送医务室或医院救治。当止血时间较长时，应注意每隔 1～2 h 适当放松一次，以免肢体缺血坏死。同时拨打 120 急救电话。

（3）烧伤：普通轻度烧伤，可将清凉乳剂擦于创伤处，并包扎；略重的烧伤，可视烧伤情况立即送医院处理；遇有休克的伤员应立即通知医院前来抢救、处理。化学烧伤时，应迅速解脱衣服，首先清除残存在皮肤上的化学药品，用水多次冲洗，同时视烧伤情况立即送医院救治或通知医院前来救治。眼睛受到任何伤害，都应立即请眼科医生诊断。当化学灼伤眼睛时，应分秒必争，在医生到来前即抓紧时间，应立即用蒸馏水冲洗眼睛，冲洗时须用细水流，而且不能直射眼球。

（4）烫伤：勿用水冲洗，若皮肤未破，可用碳酸氢钠粉调成浆状敷于伤处，或在伤处抹一些黄色苦味酸溶液、烫伤药膏、万花油等；若伤处已破，可涂些紫药水或者 0.1% 高锰酸钾溶液。

参 考 文 献

[1] 潘清林，孙建林. 材料科学与工程实验教程（金属材料分册）［M］. 北京：冶金工业出版社，2011.

[2] 潘清林. 金属材料科学与工程实验教程［M］. 长沙：中南大学出版社，2006.

[3] 李慧中. 金属材料塑性成形实验教程［M］. 北京：冶金工业出版社，2011.

[4] 孙建林. 材料成形及控制工程专业实验教程［M］. 北京：冶金工业出版社，2022.

[5] 李戬. 材料成形及控制工程专业实验实训教程［M］. 北京：北京航空航天大学出版社，2019.

[6] 韩奇钢. 材料成形及控制工程专业基础实验教程［M］. 北京：清华大学出版社，2023.

[7] 米国发. 材料成形及控制工程专业实验教程［M］. 北京：冶金工业出版社，2011.

[8] 赵刚，胡衍生. 材料成形与控制工程实验指导书［M］. 北京：冶金工业出版社，2008.

[9] 夏华. 材料加工实验教程［M］. 北京：化学工业出版社，2007.

[10] 邹贵生. 材料加工系列实验［M］. 北京：清华大学出版社，2005.

[11] 那顺桑. 金属材料工程专业实验教程［M］. 北京：冶金工业出版社，2005.

[12] 周小平. 金属材料及热处理实验教程［M］. 武汉：华中科技大学出版社，2006.

[13] 施雯，戚飞鹏，杨弋涛. 金属材料工程实验教程［M］. 北京：化学工业出版社，2009.

[14] 吴润，刘静. 金属材料工程实践教学综合实验指导书［M］. 北京：冶金工业出版社，2008.

[15] 杨明波. 金属材料实验基础［M］. 北京：化学工业出版社，2008.

[16] 吴晶，纪嘉明，丁红燕. 金属材料实验指导［M］. 镇江：江苏大学出版社，2009.

[17] 葛利玲. 材料科学与工程基础实验教程［M］. 北京：机械工业出版社，2008.

[18] 吴晶，戈晓岚，纪嘉明. 机械工程材料实验指导书［M］. 北京：化学化工出版社，2006.

[19] 姜江，陈鹭滨，耿贵立，等. 机械工程材料实验教程［M］. 哈尔滨：哈尔滨工业大学出版社，2003.

[20] 刘天模，王金星，张力. 工程材料系列课程实验指导［M］. 重庆：重庆大学出版社，2008.

[21] 戴雅康. 金属力学性能实验［M］. 北京：机械工业出版社，1991.

[22] 潘清林. 材料现代分析测试实验教程［M］. 北京：冶金工业出版社，2011.

[23] 张庆钧. 材料现代分析测试实验［M］. 北京：化学工业出版社，2006.

[24] 仁怀亮. 金相实验技术［M］. 北京：冶金工业出版社，2004.

[25] 崔忠圻，覃耀春. 金属学与热处理［M］. 北京：机械工业出版社，2023.

[26] 郑子樵. 材料科学基础［M］. 长沙：中南大学出版社，2010.

[27] 彭大暑. 金属塑性加工原理［M］. 长沙：中南大学出版社，2014.

[28] 林高用. 有色金属塑性成形技术［M］. 长沙：中南大学出版社，2023.

[29] 易丹青，许晓嫦. 金属材料热处理［M］. 北京：清华大学出版社，2020.